环境监测与园林生态改造研究

李艳琴　王　谦　黄淑芬◎著

U0335818

吉林科学技术出版社

图书在版编目（CIP）数据

环境监测与园林生态改造研究 / 李艳琴，王谦，黄
淑芬著. -- 长春：吉林科学技术出版社，2022.9
ISBN 978-7-5578-9702-4

Ⅰ．①环… Ⅱ．①李… ②王… ③黄… Ⅲ．①生态环
境－环境监测－研究－中国②园林－生态环境建设－研究
－中国 Ⅳ．①X835②TU986.2③X171.4

中国版本图书馆 CIP 数据核字（2022）第 177762 号

环境监测与园林生态改造研究

著　李艳琴　王　谦　黄淑芬
出 版 人　宛　霞
责任编辑　郝沛龙
封面设计　金熙腾达
制　　版　金熙腾达
幅面尺寸　185mm×260mm
开　　本　16
字　　数　272 千字
印　　张　12
版　　次　2022 年 9 月第 1 版
印　　次　2023 年 3 月第 1 次印刷

出　　版　吉林科学技术出版社
发　　行　吉林科学技术出版社
地　　址　长春市净月区福祉大路 5788 号
邮　　编　130118
发行部电话/传真　0431-81629529　81629530　81629531
　　　　　　　　　　　81629532　81629533　81629534

储运部电话　0431-86059116

编辑部电话　0431-81629518
印　　刷　三河市嵩川印刷有限公司

书　　号　ISBN 978-7-5578-9702-4
定　　价　75.00 元

前　言

　　长期以来，随着人口的迅猛增长、工业的飞速发展、城市化进程的快速推进，出现了一系列的环境问题，如温室效应、臭氧层被破坏、水体污染、土地荒漠化、濒危物种灭绝、大气污染等。特别是在城市范围内，城市环境污染、城市病等对人类的影响已越来越明显，人们的身体健康受到威胁，人类的社会发展也受到限制。与此同时，随着社会的发展进步，人类对居住和工作环境的质量要求越来越高，这就迫切要求加快生态园林城市建设的步伐。就协调城市发展与环境而言，园林生态可以从理论和实践的角度解决和协调上述关系。大地园林化与城市园林化是改善人居环境的重要举措之一，生态环境的治理与保护是园林规划建设的基本目标之一。

　　园林生态主要研究城市及其周边区域内园林生物与环境之间的生态关系，强调园林与人类之间的和谐、协调。它的研究内容在城市生态建设、绿化、规划、管理等方面具有重要的理论意义和生产实践价值。

　　本书主要从四方面进行论述：环境监测、园林生态基础、园林生态系统、园林生态改造。目的是为园林类相关专业人员提供基本的生态学理论指导，结合园林实践，从环境和生态系统的角度，培养他们的生态学意识，并最终在园林实践中体现出来。

　　由于编者知识水平所限，书中错误、不当之处在所难免，敬请各位专家、同人和广大读者对本书的缺漏、错误提出宝贵意见。

编者
2022 年 8 月

目　　录

第一章 环境监测质量保证

第一节 环境监测实验室基础

一、实验室用水

水是实验室最常用的溶剂,不同的监测项目需要不同质量的水。市售蒸馏水或去离子水必须经检验合格后才能使用。实验室中应配备相应的提纯装置。

(一) 实验室用水的质量指标

实验室用水应为无色透明的液体,其中不得有肉眼可辨的颜色及杂质。

(二) 实验室用水的制备和用途

实验室用的原料水应当是饮用水或比较纯净的水,如被污染,必须进行预处理。

1.一级水

基本上不含溶解杂质或胶态粒子及有机物。它可用二级水经进一步处理制得:二级水经过再蒸馏、离子交换混合床、$0.2\mu m$ 滤膜过滤等方法处理,或用石英蒸馏装置进一步蒸馏制得。一级水用于有严格要求的分析实验,制备标准水样或配制分析超痕量物质用的试液。

2.二级水

常含有微量的无机、有机或胶态杂质。可用蒸馏、反渗透或离子交换法制得的水通过再蒸馏的方法制备。二级水用于配制分析痕量物质用的试液。

3.三级水

适用于一般实验工作。可用蒸馏、反渗透或离子交换等方法制备。三级水用于配制分析微量物质用的试液。

(三) 特殊要求的实验用水

1.不含氯的水

加入亚硫酸钠等还原剂将水中的余氯还原为氯离子,用附有缓冲球的全玻璃蒸馏器进行蒸馏。

2.不含氨的水

在 1L 蒸馏水中加 0.1mL 硫酸,在全玻璃蒸馏器中蒸馏,弃去 50mL 初馏液,其余馏出液收于具塞磨口玻璃瓶中,密塞保存。也可以使蒸馏水通过强酸型阳离子交换树脂柱制备。

3.不含二氧化碳的水

常用的制备方法是将蒸馏水或去离子水煮沸 10min,或使水量蒸发 10% 以上加盖冷却,也可将惰性气体(如纯氮)通入去离子水或蒸馏水中除去二氧化碳。

4.不含酚的水

加入氢氧化钠至水的 $pH \geq 11$,使水中酚生成不挥发的酚钠后进行蒸馏制得;或用活性炭吸附法制取。

5.不含砷的水

通常使用的普通蒸馏水或去离子水基本不含砷,进行痕量砷测定时应使用石英蒸馏器,使用聚乙烯树脂管及贮水容器贮存不含砷的蒸馏水。不得使用软质玻璃(钠钙玻璃)容器。

6.不含铅的水

用氢型强酸性阳离子交换树脂制备不含铅的水,贮水容器应用 6mol/L 硝酸浸洗后用无铅水充分洗净方可使用。

7.不含有机物的水

将碱性高锰酸钾溶液加入水中再蒸馏,再蒸馏的过程中应始终保持水中高锰酸钾的紫红色不得消退,否则应及时补加高锰酸钾。

(四) 实验室用水的贮存

在贮存期间,水样被污染的主要原因是聚乙烯容器可溶成分的溶解或吸收空气中的二氧化碳和其他杂质。因此,一级水尽可能用前现制,二级水和三级水经适量制备后,可在预先经过处理并用同级水充分清洗过的密闭聚乙烯容器中贮存,室内应保证空气清新。

二、试剂与试液

实验室所用试剂、试液应根据实际需要,合理选用相应规格的试剂,按规定浓度和需要量正确配制。试剂和配好的试液需按规定要求妥善保存,注意空气、温度、光、杂质等因素的影响。另外,还要注意保存时间,一般浓溶液稳定性较好,稀溶液稳定性较差。通常,浓度约为 1×10^{-3} mol/L 较稳定的试剂溶液可贮存一个月以上,浓度为 1×10^{-4} mol/L 溶液只能贮存一周,而浓度为 1×10^{-5} mol/L 溶液须当日配制。因此,许多试液常配成浓的贮存液,临用时稀释成所需浓度。配制溶液均须注明配制日期和配制人员,以备查核追溯。有时须对试剂进行提纯和精制,以保证分析质量。

一级试剂用于精密的分析工作,主要用于配制标准溶液;二级试剂常用于配制定量分析中的普通试液,如无注明,环境监测所用试剂均应为二级或二级以上;三级试剂只能用于配制半定量、定性分析中的试液和清洁液等;四级试剂杂质含量较高,但比工业品的纯度高,主要用于一般的化学实验。

其他表示方法还有:高纯物质(E.P.),基准试剂(第一基准试剂、pH 基准试剂和工作基准试剂),光谱纯试剂(S.P.),色谱纯试剂(G.C.),生化试剂(B.R.),生物染色剂(B.S.),特殊专用试剂等。

三、仪器的检定与管理

分析仪器是开展监测分析工作不可缺少的基本工具,不同级别的监测站应配备满足监测任务和符合要求的监测仪器设备。仪器性能和质量的好坏将直接影响分析结果的准确性,因此必须对仪器设备定期进行检定。

(一)仪器的检定

监测实验室所用分析天平的分度值常为万分之一克或十万分之一克,其精度应不低于三级天平和三级砝码的规定,天平的计量性能应进行定期检定(每年由计量部门按相关规程至少检定一次),检验合格方可使用。

新的玻璃量器(如容量瓶、吸液管、滴定管等)在使用前均应对其进行检定,检验的指标包括量器的密合性、水流出时间、标准误差等,检验合格的方可使用。有些仪器只是示值存在较大误差,经校准后也可使用。

监测分析仪器(如分光光度计、电导仪、气相色谱仪等)也必须定期检定,确保测定结果的准确。

如果仪器设备在使用过程中出现了过载或错误操作,或显示的结果可疑,或在检定时发现有问题,应立即停止使用,并加以明显标识。修复的仪器设备必须经校准、检定,证明仪器的功能指标已经恢复后方可继续使用。

(二)仪器的管理

实验室监测仪器是环境监测工作的主要装备,各类仪器的精度、使用环境、使用条件、校正方法及日常维护要求都不尽相同,因此在监测仪器的管理中必须采取相应的措施,才能保证仪器设备的完好和监测工作的质量。具体要求如下:

1.仪器设备购置、验收、流转应受控,未经定型的专用检验仪器设备须提供相关技术单位的验证证明方可使用。

2.各种精密贵重仪器以及贵重器皿(如铂器皿和玛瑙研钵等)要由专人管理,分别登册、建档。仪器档案应包括仪器使用说明书,验收和调试记录,仪器的各种初始参数,定期保修、检定和校准以及使用情况的登记记录等。

3.精密仪器的安装、调试、使用和保养维修均应严格遵照仪器说明书的要求。上机人员应通过专业培训和考核,考核合格后方可上机操作。

4.使用仪器前应先检查仪器是否正常。仪器发生故障时,应立即查清原因,排除故障后方可继续使用。仪器用完之后,应将各部件恢复到所要求的位置,及时做好清理工作,盖好防尘罩。仪器的附属设备应妥善安放,并经常进行安全检查。

四、实验室环境条件

(一)一般实验室

一般实验室应有良好的照明、通风、采暖等设施,同时还应配备停电、停水、防火等应急的安全设施,以保证分析检验工作的正常运行。实验室的环境条件还应符合人身健康和环保要求。大型精密仪器实验室中应配置相应的空调设备和除湿除尘设备。

(二)清洁实验室

空气中往往含有细微的灰尘以及液体气溶胶等物质,对于一些常规项目的监测不会造成太大的影响,但对痕量分析和超痕量分析会造成较大的误差。因此在进行痕量和超痕量分析以及需要使用某些高灵敏度的仪器时,对实验室空气的清洁度就有较高的要求。

实验室空气清洁度分为三个级别:100级、10 000级和100 000级。它是根据室内悬浮固体颗粒的大小和数量多少来分类的,一般有两个指标,即每平方米面积上$\geq 0.5\mu m$和$\geq 5.0\mu m$的颗粒数。

要达到清洁度为100级标准,空气进口必须用高效过滤器过滤。高效过滤器效率为

85%～95%,对直径为 0.5～5.0μm 颗粒的过滤效率为 85%,对直径大于 5.0μm 颗粒的过滤效率为 95%。超净实验室面积一般较小(约 12m²),并有缓冲室,四壁涂环氧树脂油漆,桌面用聚四氟乙烯或聚乙烯膜,地板用整块塑料地板,门窗密闭,室内略带正压,用层流通风柜。

没有超净实验室条件的可采用一些其他措施。例如,样品的预处理、蒸干、消化等操作最好在专用的通风柜内进行,并与一般实验室、仪器室分开。几种分析同时进行时应注意防止相互交叉污染。

第二节 环境监测数据处理

一、基本概念

(一)精密度、准确度和误差

1.精密度

精密度是指用特定的分析程序在受控条件下,重复分析均一样品所得测定值的一致程度,它反映分析方法或测量系统所存在的随机误差的大小。极差、平均偏差、相对平均偏差、标准偏差和相对标准偏差都可用来表示精密度大小,较常用的是标准偏差。

2.准确度

准确度表示用一个特定的分析程序所获得的分析结果(单次测定值和重复测定值的均值)与假定的或公认的真实值之间的符合程度。准确度用绝对误差和相对误差表示。

评价准确度的方法有两种:第一种是用某一方法分析标准物质,根据其结果确定准确度;第二种是"加标回收法",即在样品中加入标准物质,测定其回收率,以确定准确度。多次回收实验还可发现方法的系统误差,这是目前常用而方便的方法。

所以,通常加入标准物质的量应与待测物质的浓度水平接近,因为加入标准物质量的多少对回收率有影响。

3.误差

任何测量都是由测量者取部分物质作为样品,利用其中被测组分的某种物理、化学性质,如质量、体积、吸光度、pH 值等,通过某种仪器进行的。其中人、样品及仪器是测量的三个主要组成部分,而这三方面都会有不准确的地方,从而给测量值带来所谓测量误差。不同的人、不同的取样和样品组成、不同的测量方法,以及不同的仪器可以给测量结果带来不同的误差。误差是客观必然存在的,任何测量都不可能绝对准确。在一定条件下,测量结果只能接近真实值而无法达到真实值。

(1)绝对误差和相对误差

测量值中的误差,可用两种方法来表示:一个是绝对误差,另一个是相对误差。绝对误差是测量值与真实值之差。

绝对误差是以测量值的单位为单位,可以是正值,也可以是负值。测量值越接近真实值,绝对误差越小;反之越大。

为了反映误差在测量结果中所占的比例,分析工作者更常使用相对误差。相对误差指绝对误差与真值之比。

如果不知道真值,那么测量误差用偏差表示。偏差是测量值与平均值之差。

(2)系统误差和偶然误差

系统误差也叫可定误差,它是由某种确定的原因引起的,一般有固定的方向(正或负)和大小,重复测定时重复出现。

根据系统误差的来源,可分为方法误差、仪器或试剂误差及操作误差三种。

偶然误差或称随机误差和不可定误差,它是由于偶然的原因(常是测量条件,如实验室温度湿度等有变动而未能得到控制)所引起的,其大小和正负都不固定。

系统误差能用校正值的方法予以消除,偶然误差通过增加测量次数加以减小。

(3)标准偏差和相对标准偏差

为了突出较大偏差存在的影响,常使用标准偏差及相对标准偏差来表示。相对标准偏差又名变异系数。

4.误差的传递

定量分析的结果,通常不是只由一步测定直接得到的,而是由许多步测定通过计算确定的。这中间每一步测定都可能有误差,这些误差最后都要引入分析结果。因此,我们必须了解每步测定误差是如何影响计算结果的。这便是误差的传递问题。

系统误差的传递:如果定量分析中各步测定的误差是可定的,那么误差传递的规律可以概括为两条:a.和、差的绝对误差等于各测定值绝对误差的和、差;b.积、商的相对误差等于各测定值相对误差的和、差。

偶然误差的传递:如果各步测定的误差是不可定的,我们无法知道它们的正负和大小,不知道它们的确切值,也就无法知道它们对计算结果的确定影响,不过我们可以对它们的影响进行推断和估计。

极值误差法:是一种估计方法,它认为每步测定所处的情况都是最为不利的,即各步测定值的误差都是它们的可能最大值,而且其正负都是对计算结果产生方向相同的影响。这样计算出的结果误差当然是最大的,故称极值误差。这种估计方法,称为极值误差法。

标准偏差法:我们虽然不知道每个测定中不可定误差的确切值,但却知道它是最符合统计学规律的。因此,产生另一种不可定误差的估计方法,叫作标准偏差法,它是按照不可定误差的传递规律计算的。只要测定次数足够多,能够算出测定的标准偏差,就能用本法计算。这个规律可以概括为两条:a.和、差的标准偏差的平方等于各测定值标准偏差的平方和;b.积、商的相对标准偏差的平方等于各测定值相对标准偏差的平方和。

(二)概率和正态分布

正态分布就是通常所谓的高斯分布,在分析监测中,偶然误差一般可按正态分布规律进行处理。正态分布曲线呈对称钟形,两头小,中间大。分布曲线有最高点,通常就是总休平均值 μ 的坐标。分布曲线以 μ 值的横坐标为中心,对称地向两边快速单调下降。这种正态分布曲线清楚地反映出偶然误差的规律性:正误差和负误差出现的概率相等,呈对称形式;小误差出现的概率大,大误差出现的概率小,出现很大误差的概率极小。

(三)灵敏度、检出限、测定限与校准曲线

1.灵敏度

分析方法的灵敏度是指该方法对单位浓度或单位量的待测物质的变化所引起的响应量变化的程度,它可以用仪器的响应量或其他指示量与对应的待测物质的浓度或量之比来描述,因此常用标准曲线的斜率来度量灵敏度,灵敏度因实验条件而变。

原子吸收分光光度法,国际理论与应用化学联合会建议将以浓度表示的"1%吸收灵敏度"叫作特征浓度,而将以绝对量表示的"1%吸收灵敏度"称为特征量。特征浓度或特征量越小,方法的灵敏度越高。

2.检出限

它的含义是指分析方法在确定的实验条件下可以检测的分析物最低浓度或含量。若被测分析物在分析试样中的含量高于方法的检出限,则它可以被检出;反之,则不能被检出。

1975 年,国际理论与应用化学联合会通过了关于检出限的规定,按照这一规定,方法的检出限是指能以适当的置信度被检出的分析物最低浓度或含量。换言之,检出限可定义为产生可分辨的最低信号所需要的分析物浓度值。检出限有两种表示方式,即绝对检出限(以分析物的质量 pg、ng、pg 表示)和相对检出限(以分析物的浓度 $\mu g/mL$、ng/mL、pg/mL 表示)。

根据上述定义可知,检出限包括了以下两层基本含义:a.表明了所测定的分析信号能够可靠地与背景信号相区别;b.指明了测量数据值的可信程度。

了解某一分析方法的检出限的意义如下:a.可以作为选择分析方法的一个准则,尽管它不是唯一的;b.用于确定分析物在试样中是否存在。若分析物所产生的信号值大于或等于空白信号的3倍标准偏差,就可以断定分析物能以一定的置信度被检出;反之,则不能被检出,但不能说,分析物在试样中不存在。

3.测定限

测定限分为测定下限和测定上限。测定下限是指在测定误差能满足预定要求的前提下,用特定方法能够准确地定量测定待测物质的最小浓度或量。测定上限是指在测定误差能满足预定要求的前提下,用特定方法能够准确地定量测定待测物质的最大浓度或量。最佳测定范围又叫有效测定范围,是指在测定误差能满足预定要求的前提下,特定方法的测定下限到测定上限之间的浓度范围。方法适用范围是指某一特定方法检测下限至检测上限之间的浓度范围,显然最佳测定范围应小于方法适用范围。

4.定量限

定量限是指样品中被测组分能被定量测定的最低浓度或最低量,其测定结果应具有一定的准确度和精密度。杂质和降解产物用定量方法测定时,应确定方法的定量限。常用信噪比确定定量限,一般以信噪比为10∶1时相应的浓度或注入仪器的量来确定定量限。

5.空白实验

空白实验又叫空白测定,是指用蒸馏水代替试样的测定。其所加试剂和操作步骤与实验测定完全相同。空白实验应与试样测定同时进行,试样分析时仪器的响应值,不仅是试样中待测物质的分析响应值,还包括所有其他因素,如试剂中的杂质、环境及操作过程中玷污等的响应值,这些因素是经常变化的,为了了解它们对试样测定的综合影响,在每次测定时,均应做空白实验,空白实验所得的响应值称为空白实验值。其对实验用水应有一定要求,即其中待测物质浓度应低于方法的检出限。当空白实验值偏高时,应全面检查空白实验用水、试剂、量器和容器是否玷污、仪器的性能以及环境状况等。

6.校准曲线

校准曲线是用于描述待测物质的浓度或量与相应的测量仪器的响应量或其他指示量之间的定量关系的曲线。监测中常用校准曲线的直线部分。某一方法的校准曲线的直线部分所对应的待测物质浓度(或量)的变化范围,称为该方法的线性范围。

二、可疑值的舍弃

在实验中,得到一组数据之后,往往有个别数据与其他数据相差较远,这一数据称为可疑值,又称异常值或极端值。可疑值是保留还是舍去,应按一定的统计学方法进行处理。统计学处理可疑值的方法常用的有 $4\bar{d}$ 法和格鲁布斯(Grubbs)法。

(一) $4\bar{d}$ 法

用 $4\bar{d}$ 法判断可疑值的取舍时,首先求出可疑值除外的其余数据的平均值 $\bar{x}$ 和平均偏差 $\bar{d}$,然后将可疑值与平均值进行比较,如绝对差值大于 $4\bar{d}$,则可疑值舍去,否则保留。很明显,这样处理问题是存在较大误差的,但是,由于这种方法比较简单,不必查表,故至今仍为人们所采用。显然,这种方法只能应用于处理一些要求不高的实验数据。

(二)格鲁布斯(Grubbs)法

此法适用于检验多组测量值均值的一致性和剔除多组测量值中的离群均值,也可用于检验一组测量值的一致性和剔除一组测量值中的离群值。

用格鲁布斯法判断可疑值时,首先计算出该组数据的平均值及标准偏差,再根据统计量 T 进行判断。统计量 T 与可疑值、平均值 $\bar{x}$ 及标准偏差 S 有关。

如果 T 值很大,说明可疑值与平均值相差很大,有可能要舍去。T 值要多大才能确定该可疑值应舍去呢? 这要看我们对置信度的要求如何。统计学家已制定了临界 $T_{a,n}$ 表,如果 $T > T_{\alpha,n}$,则可疑值应舍去,否则应保留。α 为显著性水平,n 为实验数据数目。

格鲁布斯法最大的优点是在判断可疑值的过程中,将正态分布中的两个最重要的样本参数 $\bar{x}$ 与 S 引入,故方法的准确性较好。这种方法的缺点是需要计算 $\bar{x}$ 与 S ,稍显麻烦。

三、有效数字及计算规则

(一)有效数字

在实验中,对于任一物理量的确定,其准确度都是有一定限度的。例如读取滴定管上的刻度,前三位数字都是很准确的,第四位数字因为没有刻度,是估计出来的,所以稍有差别。这第四位数字不甚准确,称为可疑数字,但它并不是臆造的,所以记录时应该保留它。这四位数字都是有效数字。有效数字中,只有最后一位数字是不甚确定的,其他各数字都是确定的。具体来说,有效数字就是实际上能测到的数字。

(二)数字修约规则

在处理数据过程中,涉及的各测量值的有效数字位数可能不同,因此需要按下面所述的计算规则确定各测量值的有效数字位数。各测量值的有效数字位数确定之后,就要将它后面多余的数字舍弃。舍弃多余数字的过程称为"数字修约"过程,它所遵循的规则称为"数字修约规则"。过去,人们习惯采用四舍五入规则,现在则通行"四舍六入五成双"规则。修约数字时只允许对原测量值一次修约到所需要的位数,不能分次修约。

(三)计算规则

几个数据相加或相减时,它们的和或差只能保留一位可疑数字,即有效数字位数的保留,应以小数点后位数最小的数字为根据。

(四)分析检测中记录数据及计算分析结果的基本规则

1.记录测定结果时,只应保留一位可疑数字。由于测量仪器不同,测量误差可能不同,因此应根据具体实验情况,正确记录测量数据。

2.有效数字位数确定以后,按"四舍六入五成双"规则,弃去各数中多余的数字。

3.几个数相加减时,以绝对误差最大的数为标准,使所得数只有一个可疑数字。几个数相乘除时,一般以有效数字位数最小的数为标准,弃去过多的数字,然后进行乘除。在计算过程中,为了提高计算结果的可靠性,可以暂时多保留一位数字,但在得到最后结果时,一定要注意弃去多余的数字。

4.对于高含量组分(>10%)的测定,一般要求分析结果有四位有效数字;对于中含量组分(1%~10%),一般要求三位有效数字;对于微量组分(<1%),一般只要求两位有效数字。

5.在计算中,当涉及各种常数时,一般视为准确的,不考虑其有效数字的位数。

6.在有些计算过程中,常遇到 pH = 4 等这样的数值,有效数字位数未明确指出,通常认为它们是准确的,不考虑其有效数字的位数。

第三节 环境监测质量保证体系

环境监测质量保证是整个监测过程的全面质量管理,环境监测质量控制是环境监测质量保证的一部分,它包括实验室内部质量控制和外部质量控制两个部分。

一、实验室的管理及岗位责任制

监测质量的保证是以一系列完善的管理制度为基础的,严格执行科学的管理制度是监测质量的重要保证。

(一) 对监测分析人员的要求

1.环境监测分析人员应具有一定的专业文化水平,经培训、考试合格方能承担监测分析工作。

2.熟练地掌握本岗位要求的监测分析技术,对承担的监测项目要做到理解原理、操作正确、严守规程,确保在分析测试过程中达到各种质量控制的要求。

3.认真做好分析测试前的各项技术准备工作,实验用水、试剂、标准溶液、器皿、仪器等均应符合要求,方能进行分析测试。

4.负责填报监测分析结果,做到书写清晰、记录完整、校对严格、实事求是。

5.及时地完成分析测试后的实验室清理工作,做到现场环境整洁,工作交接清楚,做好安全检查。

6.树立高尚的科研和实验道德,热爱本职工作,钻研科学技术,培养科学作风,谦虚谨慎,遵守劳动纪律,搞好团结协作。

(二) 对监测质量保证人员的要求

环境监测实验室内要指定专人负责监测质量保证工作。监测质量保证人员应熟悉质量保证的内容、程序和方法,了解监测环节中的技术关键,具有有关的数理统计知识,协助实验室的技术负责人进行以下各项工作。

(1)负责监督和检查环境监测质量,保证各项内容的实施情况。

(2)按隶属关系定期组织实验室内及实验室间分析质量控制工作。

(3)组织有关的技术培训和技术交流,帮助解决有关质量保证方面的技术问题。

(三) 实验室安全制度

1.实验室内须设各种必备的安全设施(通风橱、防尘罩、排气管道及消防灭火器材等),并应定期检查,保证随时可供使用。使用电、气、水、火时,应按有关使用规则进行操作,保证安全。

2.实验室内各种仪器、器皿应有规定的放置处所,不得任意堆放,以免错拿错用,造成事故。

3.进入实验室应严格遵守实验室规章制度,尤其是使用易燃、易爆和剧毒试剂时,必须遵照有关规定进行操作。实验室内不得吸烟、会客、喧哗、吃零食或私用电器等。

4.下班时要有专人负责检查实验室的门、窗、水、电、煤气等,切实关好,不得疏忽大意。

5.实验室的消防器材应定期检查,妥善保管,不得随意挪用。一旦实验室发生意外事故时,应迅速切断电源、火源,立即采取有效措施,随时处理,并上报有关领导。

(四) 药品使用管理制度

1.实验室使用的化学试剂应有专人负责发放,定期检查使用和管理情况。

2.易燃、易爆物品应存放在阴凉通风的地方,并有相应安全保障措施。易燃、易爆试剂要随用随领,不得在实验室内大量积存。保存在实验室内的少量易燃品和危险品应严格控制、加强管理。

3.剧毒试剂应有专人负责管理,加双锁存放,批准使用时,两人共同称量,登记用量。

4.取用化学试剂的器皿(如药匙、量杯等)必须分开,每种试剂用一件器皿,至少洗净后再用,不得混用。

5.使用氰化物时,切记注意安全,不得在酸性条件下使用,并严防溅洒玷污。氰化物废液必须经处理再倒入下水道,并用大量流水冲洗。其他剧毒试液也应注意经适当转化处理后再行清洗排放。

6.使用有机溶剂和挥发性强的试剂的操作应在通风良好的地方或在通风橱内进行。任何情况下,都不允许用明火直接加热有机溶剂。

7.稀释浓酸试剂时,应按规定要求来操作和贮存。

(五) 仪器使用管理制度

1.各种精密贵重仪器以及贵重器皿要有专人管理,分别登记造册、建卡立档。仪器档案应包括仪器说明书、验收和调试记录,仪器的各种初始参数,定期保养维修、检定、校准以及使用情况的登记记录等。

2.精密仪器的安装、调试、使用和保养维修均应严格遵照仪器说明书的要求。上机人员应该考核，考核合格方可上机操作。

3.使用仪器前应先检查仪器是否正常。仪器发生故障时，应立即查清原因，排除故障后方可继续使用，严禁仪器带病运转。

4.仪器用完之后，应将各部件恢复到所要求的位置，及时做好清理工作，盖好防尘罩。

5.仪器的附属设备应妥善安放，并经常进行安全检查。

(六)样品管理制度

1.由于环境样品的特殊性，要求样品的采集、运送和保存等各环节都必须严格遵守有关规定，以保证其真实性和代表性。

2.实验室的技术负责人应和采样人员、测试人员共同议订详细的工作计划，周密地安排采样和实验室测试间的衔接、协调，以保证自采样开始至结果报出的全过程中，样品都具有合格的代表性。

3.样品容器除一般情况外的特殊处理，应由实验室负责进行。对于需在现场进行处理的样品，应注明处理方法和注意事项，所需试剂和仪器应准备好，同时提供给采样人员。对采样有特殊要求时，应对采样人员进行培训。

4.样品容器的材质要符合监测分析的要求，容器应密塞、不渗不漏。

5.样品的登记、验收和保存要按以下规定执行。

(1)采好的样品应及时贴好样品标签，填写好采样记录。将样品连同样品登记表、送样单在规定的时间内送交指定的实验室。填写样品标签和采样记录须使用防水墨汁，严寒季节圆珠笔不宜使用时，可用铅笔填写。

(2)如需对采集的样品进行分装，分样的容器应和样品容器材质相同，并填写同样的样品标签，注明"分样"字样，同时对"空白"和"副样"也都要分别注明。

(3)实验室应有专人负责样品的登记、验收，其内容如下：样品名称和编号；样品采集点的详细地址和现场特征；样品的采集方式，是定时样、不定时样还是混合样；监测分析项目；样品保存所用的保存剂的名称、浓度和用量；样品的包装、保管状况；采样日期和时间；采样人、送样人及登记验收人签名。

(4)样品验收过程中，如发现编号错乱、标签缺损、字迹不清、监测项目不明、规格不符、数量不足以及采样不合要求者，可拒收并建议补采样品。如无法补采或重采，应经有关领导批准方可收样，完成测试后，应在报告中注明。

（5）样品应按规定方法妥善保存，并在规定时间内安排测试，不得无故拖延。

（6）采样记录、样品登记表、送样单和现场测试的原始记录应完整、齐全、清晰，并与实验室测试记录汇总保存。

二、实验室质量保证

监测的质量保证从大的方面分为采样系统和测定系统两部分。实验室质量保证是测定系统中的重要部分，它分为实验室内质量控制和实验室间质量控制，目的是保证测量结果有一定的精密度和准确度。

（一）实验室内质量控制

内部质量控制是实验室分析人员对分析质量进行自我控制的过程。一般通过分析和应用某种质量控制图或其他方法来控制分析质量。

1.质量控制图的绘制及使用

质量控制图可以起到这种监测的仲裁作用。因此，实验室内质量控制图是监测常规分析过程中可能出现的误差，控制分析数据在一定的精密度范围内，保证常规分析数据质量的有效方法。

在实验室工作中每一项分析工作都是由许多操作步骤组成的，测定结果的可信度受到许多因素的影响，如果对这些步骤、因素都建立质量控制图，这在实际工作中是无法做到的，因此分析工作的质量只能根据最终测量结果来进行判断。

对经常性的分析项目，用控制图来控制质量，编制控制图的基本假设是：测定结果在受控的条件下具有一定的精密度和准确度，并按正态分布。如以一个控制样品，用一种方法由一个分析人员在一定时间内进行分析，累积一定数据，如果这些数据达到规定的精密度、准确度（即处于控制状态），以其结果——分析次序编制控制图。在以后的经常分析过程中，取每份（或多次）平行的控制样品随机地编入环境样品中一起分析，根据控制样品的分析结果，推断环境样品的分析质量。

质量控制图的基本组成包括：预期值，即图中的中心线；目标值，即图中上、下警告限之间区域；实测值的可接受范围，即图中上、下控制限之间的区域；辅助线，上、下各一条线，在中心线两侧与上、下警告限之间各一半处。质量控制图可以绘制均数、均数——极差以及多样控制图等。

均数控制图的使用方法：根据日常工作中该项目的分析频率和分析人员的技术水平，每间隔适当时间，取两份平行的控制样品，随环境样品同时测定，对操作技术较低的人员和测定频率低的项目,每次都应同时测定控制样品,将控制样品的测定结果依次标在控制图上,根据下列规定检验分析过程是否处于控制状态。

(1)如此点在上、下警告限之间区域内,则测定过程处于控制状态,环境样品分析结果有效。

(2)如此点超出上、下警告限,但仍在上、下控制限之间的区域内,提示分析质量开始变差,可能存在"失控"倾向,应进行初步检查,并采取相应的校正措施。

(3)若此点落在上、下控制限之外,表示测定过程"失控",应立即检查原因,予以纠正,环境样品应重新测定。

(4)如遇到此点连续上升或下降时(虽然数值在控制范围之内),表示测定有失去控制倾向,应立即查明原因,予以纠正。

(5)即使过程处于控制状态,仍可根据相邻几次测定值的分布趋势,对分析质量可能发生的问题进行初步判断。

当控制样品测定次数累积更多以后,这些结果可以和原始结果一起重新计算总均值、标准偏差,再校正原来的控制图。

2.其他质量控制方法

用加标回收率来判断分析的准确度,由于方法简单、结果明确,因而是常用方法。但由于在分析过程中对样品和加标样品的操作完全相同,以致干扰的影响、操作损失或环境污染也很相似,使误差抵消,因而分析方法中某些问题尚难以发现,此时可采用以下方法。

(1)比较实验

对同一样品采用不同的分析方法进行测定,比较结果的符合程度来估计测定准确度,对于难度较大而不易掌握的方法或测定结果有争议的样品,常采用此法。必要时还可以进一步交换操作者,交换仪器设备或两者都交换,将所得结果加以比较,以检查操作稳定性和发现问题。

(2)对照分析

在进行环境样品分析的同时,对标准物质或权威部门制备的合成标准样进行平行分析,将后者的测定结果与已知浓度进行比较,以控制分析准确度。也可以由他人(上级或权威部门)配制(或选用)标准样品,但不告诉操作人员浓度值——密码样,然后由上级或权威部门对结果进行检查,这也是考核人员的一种方法。

(二) 实验室间质量控制

实验室间质量控制的目的是检查各实验室是否存在系统误差。找出误差来源,提高监测水平,这一工作通常由某一系统的中心实验室、上级机关或权威单位负责。

1.实验室质量考核

由负责单位根据所要考核项目的具体情况,制订具体实施方案。考核方案一般包括如下内容:①质量考核测定项目;②质量考核分析方法;③质量考核参加单位;④质量考核统一程序;⑤质量考核结果评定。

考核内容有:分析标准样品或统一样品;测定加标样品;测定空白平行,核查检测下限;测定标准系列,检查相关系数和计算回归方程,进行截距检验等。通过质量考核,最后由负责单位综合实验室的数据进行统计处理后做出评价予以公布。各实验室可以从中发现所存在的问题并及时纠正。

为了减少系统误差,使数据具有可比性,在进行质量控制时,应使用统一的分析方法,首先应从国家或部门规定的"标准方法"之中选定。当根据具体情况须选用"标准方法"以外的其他分析方法时,必须由该法与相应"标准方法"对几份样品进行比较实验,按规定判定无显著性差异后,方可选用。

2.实验室误差测验

在实验室间起支配作用的误差常为系统误差,为检查实验室间是否存在系统误差,它的大小和方向以及对分析结果的可比性是否有显著影响,可不定期地对有关实验室进行误差测验,以发现问题并及时纠正。

(三)标准分析方法和分析方法标准化

1.标准分析方法

标准分析方法又称方法标准,是国际技术标准中的一种。它是一项文件,是由权威机构对某项分析所做的统一规定的技术准则,是建立其他有效方法的依据。对于环境分析方法,国际标准化组织(ISO)公布的标准系列中有空气质量、水质的一些标准分析方法。

我国每年也陆续公布了一些标准分析方法。标准分析方法必须满足以下条件:

(1)按照规定程序编写,即按标准化程序进行。

(2)按照规定格式编写。

(3)方法的成熟性得到公认,并通过协作试验,确定方法的准确度、精密度和方法误差范围。

(4)由权威机构审批和用文件发布。

2.分析方法标准化

标准是标准化活动的产物。标准化过程,包括标准化实验和标准化组织管理。标准化工作是一个技术性、经济性、政策性的过程。标准化工作受标准化条件的约束。

（1）标准化实验

标准化实验是指经设计用来评价一种分析方法性能的实验。分析方法由许多属性所决定，主要有准确度、精密度、灵敏度、可检测性、专一性、依赖性和实用性等。不可能所有属性都达到最佳程度，每种分析方法必须根据目的，确定哪些属性是最重要的，哪些是可以折中的。环境分析以痕量分析为主，并用分析结果描述环境质量，所以分析的准确度和精密度、检出限、适用性都是最关键的。标准化活动技术性强，要对重要指标确定出表达方法和允许范围，对样品种类、数量、分析次数、分析人员、实验条件做出规定；要对实验过程采取质量保证措施，以对方法性能做公正的评价；确定出几个重要指标的评价方法和评价指标。

（2）标准化组织管理

标准化过程必须由组织管理机构来推行。我国标准化工作的组织管理系统一般程序如图 1-1 所示。

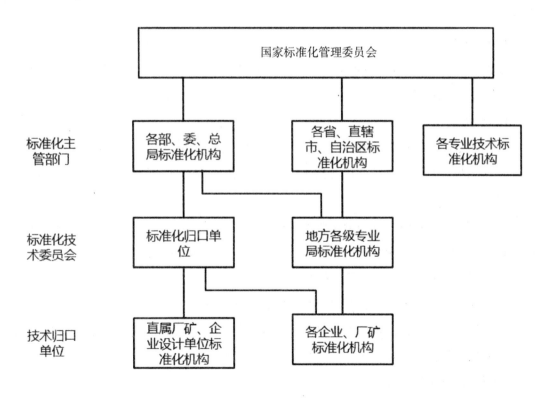

图 1-1　我国标准化工作的组织管理系统图

(四) 实验室间的协作试验

协作试验是指为了一个特定的目的和按照预定的程序所进行的合作研究活动。协作试验可用于分析方法标准化、标准物质浓度定值、实验室间分析结果争议的仲裁和分析人员技术评定等项工作。

分析方法标准化协作试验的目的是为了确定拟作为标准的分析方法在实际应用的条件下可以达到的精密度和准确度,制定实际应用中分析误差的允许界限,以作为方法选择、质量控制和分析结果仲裁的依据。进行协作试验预先要制订一个合理的试验方案,并应注意下列因素。

1.实验室的选择

参加协作试验的实验室要在地区和技术上有代表性,并具备参加协作试验的基本条件,如分析人员、分析设备等。避免选择技术太高和太低的实验室,实验室数目以多为好,一般要求 5 个以上。

2.分析方法

选择成熟和比较成熟的方法,方法应能满足确定的分析目的,并已形成了较严谨的文件。

3.分析人员

参加协作试验的实验室应指定具有中等技术水平以上的分析人员参加,分析人员应对被估价的方法具有实际经验。

4.试验设备

参加的实验室要尽可能用已有的可互换的同等设备。各种量器、仪器等按规定校准,如同一试验有两人以上参加,除专用设备外,其他常用设备(如天平、玻璃器皿等)不得共用。

5.样品的类型和含量

样品基体应有代表性,在整个试验期间必须均匀稳定。由于精密度往往与样品中被测物质浓度水平有关,一般至少要包括高、中、低 3 种浓度。如要确定精密度随浓度变化的回归方程,至少要使用 5 种不同浓度的样品。

只向参加实验室分送必需的样品量,不得多送,样品中待测物质含量不应恰为整数或一系列有规则的数,作为商品或浓度值已为人们知道的标准物质不宜作为方法标准化协作试验或考核人员的样品,使用密码样品可避免"习惯性"偏差。

6.分析时间和测定次数

同一名分析人员至少要在两个不同的时间进行同一样品的重复分析。一次平行测定的平行样数目不得少于两个。每个实验室对每种含量的样品的总测定次数不应少于 6 次。

7.协作试验中的质量控制

在正式分析以前要分发类型相似的已知样,让分析人员进行操作练习,取得必要的经验,以检查和消除实验室的系统误差。

协作试验设计不同,数据处理的方法也不尽相同。以方法标准化为例,一般计算步骤是:(1)整理原始数据,汇总成便于计算的表格;(2)核查数据并进行离群值检验;(3)计算精密度,并进行精密度与含量之间相关性检验;(4)计算允许差;(5)计算准确度。

第四节　监测方法的质量保证

对于一种化学物质或元素往往可以有许多种分析方法可供选择。例如,水体中汞的测定方法就有冷原子荧光法、冷原子吸收法和双硫腙分光光度法等,这些分析方法都是国家标准中公布的标准方法。

标准分析方法的选定首先要达到所要求的检测限,其次能提供足够小的随机和系统误差,同时对各种环境样品能得到相近的准确度和精密度,当然也要考虑技术、仪器的现实条件和推广的可能性。

标准分析方法通常是由某个权威机构组织有关专家编写的,因此具有很高的权威性。编制和推行标准分析方法的目的是保证分析结果的重复性、再现性和准确性,不但要求同一实验室的分析人员分析同一样品的结果要一致,而且要求不同实验室的分析人员分析同一样品的结果也要一致。

标准是标准化活动的结果,标准化工作是一项具有高度政策性、经济性、技术性、严密性和连续性的工作,开展这项工作必须建立严密的组织机构,同时必须按照一定的规范来进行工作。

第五节　环境监测管理

一、环境监测管理的内容和原则

环境监测管理是以环境监测质量、效率为中心对环境监测系统整体进行全过程的科学管理。环境监测管理的具体内容包括:监测标准的管理、监测采样点位的管理、采样技术的管理、样品运输储存管理、监测方法的管理、监测数据的管理、监测质量的管理、监测综合管理和监测网络管理等。总的可归结为四方面管理,即监测技术管理、监测计划管理、监测网络管理以及环境监督管理。

(一) 环境监测管理的内容

监测技术管理的内容很多,核心内容是环境监测质量保证。一个完整的质量保证归宿(即质量保证的目的)应保证监测数据的质量特征具有"五性"。

1.准确性:测量值与真值的一致程度。

2.精密性:均一样品重复测定多次的符合程度。

3.完整性:取得有效监测数据的总额满足预期计划要求的程度。

4.代表性:监测样品在空间和时间分布上的代表程度。

5.可比性:在监测方法、环境条件、数据表达方式等可比条件下所获数据的一致程度。

(二) 环境监测管理原则

1.实用原则:监测不是目的,是手段;监测数据不是越多越好,而是应实用;监测手段不是越现代化越好,而是应准确、可靠、实用。

2.经济原则:确定监测技术路线和技术装备,要经过技术经济论证,进行费用—效益分析。

二、监测的档案文件管理

为了保证环境监测的质量以及技术的完整性和可追溯性,应对监测全过程,包括任务来源、制订计划、布点、采样、分析、数据处理等的一切文件,有严格的制度予以记录存档,同时对所积累的资料、数据进行整理,建立数据库。环境监测是环境信息的捕获、传递、解析、综合的过程。环境信息是各种环境质量状况的情报和数据的总称。信息资源现在越来越被重视,因此档案文件的管理,资料、信息的整理与分析是监测管理的重要内容。

第二章 园林生态系统

第一节 园林生态系统的组成与结构

一、园林生态系统的组成

园林生态系统是城市生态系统的子系统,是指城市园林植物群落与城市环境之间通过能量转化和物质循环的作用,构成具有一定营养结构、功能和一定稳定性的统一体。园林生态系统由园林环境和园林生物两部分组成。园林环境是园林生物群落存在的基础,为园林生物的生存、生长发育提供物质基础;园林生物是园林生态系统的核心,是与园林环境紧密相连的部分。园林环境与园林生物互为联系,相互作用,共同构成了园林生态系统。

(一) 园林环境

园林环境通常包括园林自然环境、园林半自然环境和园林人工环境三部分。

1.园林自然环境

园林自然环境包含自然气候、自然物质和原生地理地貌三部分。

(1)自然气候

指光照、温度、湿度、降水等,为园林植物提供生存基础。

(2)自然物质

自然物质是指维持植物生长发育等方面需求的物质,如自然土壤、水分、O_2、CO_2、各种无机盐类以及非生命的有机物质等。

(3)原生地理地貌

即造园时选定区域的地理地貌,亦称小生境。原生地理地貌对园林的整体规划有决定性的作用,对植物布局和其后的生存发展有重要影响。如在我国北方,一座小山阳面的植物和阴面的植物生长条件有很大的差异,必须布置不同类型的植物,且须兼顾景观效果。

2.园林半自然环境

园林半自然环境是经过人们适度的管理但影响较小的园林环境,即经过适度的土壤改良、人工灌溉、遮阳避风等人为干扰或管理下的,仍以自然属性为主的环境,如人工湖、人工堆积的小山。它改变了原生地理地貌,增加了原区域不曾有的小气候和地理异质性。通过选择合适的植物种类,可造就与本地植被类型不同的植物景观。各种大型的公园绿地环境、生产绿地环境、附属绿地环境等都属于这种类型。

3.园林人工环境

园林人工环境是人工创建的受人类强烈干扰的园林环境。该类环境下的植物必须通过强烈的人工保障措施才能保持正常的生长发育,如温室、大棚及各种室内园林环境等都属于园林人工环境。在该环境中,协调室内环境与植物生长之间的矛盾时,要采用的各种人工化的土壤条件、光照条件、温湿度条件等构成了园林人工环境的组成部分。

(二) 园林生物

园林生物指生存于园林边界内的所有植物、动物和微生物,它们是园林生态系统的核心和发挥各种效益的主体。园林生物的存在和结构状况决定园林生态系统的功能和作用。

1.园林植物

凡生长于各种风景名胜区、休闲疗养胜地和城乡各类型园林绿地应用的植物统称为园林植物,其包括各种园林树木、草本、花卉等陆生和水生植物。园林植物是园林生态系统的功能主体,它们利用光能(自然光能和人工光能)合成有机物质,为园林生态系统的良性运转提供物质和能量基础。作为系统的主体,园林植物不仅要与园林中的其他生物和谐相处,还要与园林地理、地貌、山石、水体协调一致。

园林植物有不同的分类方法,常用的分类方法如下。

(1)按植物学特性划分

①乔木类。树高 5m 以上,有明显发达的主干,分枝点高。其中小乔木树高 5~8m,如梅花、红叶李、碧桃等;中乔木树高 8~20m,如圆柏、樱花、木瓜、枇杷等;大乔木树高 20m 以上,如银杏、悬铃木、毛白杨等。

②灌木类。树体矮小,无明显主干。其中小灌木高不足 1m,如金丝桃、紫叶小檗等;中灌木高 1.5m,如南天竹、小叶女贞、麻叶绣球、贴梗海棠等;大灌木高 2m 以上,如蚊母树、珊瑚树、紫玉兰、榆叶梅等。

③藤本类。茎匍匐不能直立,需借助吸盘、吸附根、卷须、蔓条及干茎本身的缠绕性部分

攀附他物向上生长的蔓性植物。如紫藤、木香、凌霄、五叶地锦、爬山虎、金银花等。

④竹类。属禾本科竹亚科,根据地下茎和地上生长情况又可分为三类。单轴散生型,如毛竹、紫竹、斑竹等;合轴丛生型,如凤尾竹、佛肚竹等;复轴混生型,如茶竿竹、苦竹、箬竹等。

⑤草本植物。包括一、二年生草本植物和多年生草本植物。既包含各种草本花卉,又包括各种草本地被植物。草本花卉类,如百日草、凤仙花、金鱼草、菊花、芍药、小苍兰、仙客来、唐菖蒲、马蹄莲、大岩桐、美人蕉、吊兰、君子兰、荷花、睡莲等;草本地被植物类,如结缕草、野牛草、狗牙根、地毯草、钝叶草、假俭草、黑麦草、早熟禾、剪股颖、麦冬、鸭跖草、长寿花等。

⑥仙人掌及多浆植物。主要是仙人掌类,还有景天科、番杏科等植物。

(2)按用途划分

①观赏植物。按照其观赏特性又可分为:观形类,如雪松、水杉、广玉兰、黑杨等;观枝干类,如毛白杨、白皮松、梧桐、竹子等;观叶类,如鹅掌楸、银杏、枫香、黄栌、红色叶李、紫叶小檗等;观花类,如桃、梅、玫瑰、石榴、牡丹、桂花、紫藤等;观果类,如南国红豆、木瓜、罗汉松、紫珠、栾树、火棘、南天竹等。

②药用植物。如牡丹、连翘、杜仲、山茱萸、辛夷、枸杞等。

③香料植物。如玫瑰、茉莉、桂花等。

④食用植物。如石榴、核桃、樱桃、板栗、香椿等。

⑤用材植物。如松、杉、榆、棕榈、桑等。

(3)按园林使用环境划分

①露地植物。指露地生长的乔木、灌木、藤本、草本及切花、切叶、干花的栽培植物等。

②温室植物。指温室内的热带植物、亚热带植物、盆栽花卉及切花、切叶、干花的栽培植物等。

2.园林动物

园林动物指在园林生态环境中生存的所有动物,包括鸟类、昆虫、兽类、两栖类、爬行类、鱼类等。园林动物是园林生态系统的重要组成成分,对于增添园林的观赏点,增加游人的观赏乐趣,维护园林生态平衡,改善园林生态环境,特别是指示环境质量,有着重要的意义。园林动物的种类和数量随不同的园林环境有较大的变化。在园林植物群落层次较多、物种丰富的环境中,特别是一些风景园林区,动物的种类和数量较多,而在人群密集、植物种类和数量贫乏的区域,动物则较少。

(1)鸟类

鸟类是园林动物中最常见的种类之一。人们常将鸟语花香看作园林的最高境界。应该说城市公园或风景名胜区都是各种鸟类的适宜栖居地,特别是植物种类丰富、生境多样的园林,鸟的种类亦丰富多样。然而,大部分园林景区附近人口密集,植物种类和数量贫乏,食物资源不足,加上人为捕捉或侵害,鸟类的生存环境恶化,已出现鸟类绝迹的趋势。

（2）昆虫

昆虫是园林动物中的常见种类之一,有植物必有昆虫。园林昆虫有两大类。一类是害虫,如鳞翅目的蝶类和蛾类,多是人工植物群落中乔灌木、花卉的害虫。另一类是益虫,如鞘翅目的某些瓢虫,有园林植物卫士之称,专门取食蚜虫、虱类等;又如蜜蜂,在园林中起着串花授粉的作用。总体而言,园林昆虫在园林生态系统中不占主要地位,对园林的景观形态亦无大的影响。但从生态学的角度看,保护园林昆虫对维护园林生态系统的生态平衡有重要的意义。

（3）兽类

兽类是园林动物的种类之一。由于人类活动的影响,除大型自然保护景区外,城市园林环境和一般旅游景区中大、中型兽类早已绝迹,小型兽类偶有出现。常见的有蝙蝠、黄鼬、刺猬、蛇、蜥蜴、野兔、松鼠、花鼠等。在园林面积小、植物层次简单的区域,其种类和数量较少;而在园林面积较大、植物层次丰富的区域则较多。

（4）鱼类

鱼类是园林动物的种类之一。中国园林,有园必有水,有水必有鱼,而且多为人工放养的观赏鱼类。鱼类在园林水系中起着重要的生态平衡作用,它们的取食可净化水系;鱼的活动,平添园林景观,增加游人乐趣,特别是有大型水域的园林,可供游人垂钓,别有一番情趣。

3.园林微生物

园林微生物即在园林环境中生存的各种细菌、真菌、放线菌、藻类等。园林微生物通常包括园林环境中的空气微生物、水体微生物和土壤微生物等。园林环境中的微生物种类,特别是一些有害的细菌、病毒等,数量和种类较少,因为园林植物能分泌各种杀菌素消灭细菌。园林土壤微生物的减少主要由人为因素引起,如城市园林内各种植物的枯枝落叶经常被及时清扫干净,大大限制了园林环境中微生物的数量和发展,因此城市必须投入较多的人力和物力行使分解者的功能,以维持正常的园林生物之间、生物与环境之间的能量传递和物质交换。

二、园林生态系统的结构

园林生态系统的结构是指该系统中各种生物成分,尤其是各种园林植物(树木、草坪、花卉等)在城市空间和时间上的配置状况。结构特征是指各种生物成分(尤其是园林植物)的种类成分、数量及其配置方式在空间和时间上的变化特征。园林生态系统的结构主要由三个要素组成,即构成系统的组分及量比关系,组分在时间、空间中的位置分布,组分间能量、物质、信息的流动途径和传递关系。园林生态系统结构主要包括组分结构、空间结构、时间结构、营养结构和层次结构五方面。

(一) 组分结构

园林生态系统的组分结构由园林生物和园林环境两部分构成。从园林生物的物种结构看,园林生态系统中各种生物种类以及它们之间的数量组合关系多种多样,不同的园林生态系统,其生物种类和数量有较大的差别。小型园林只有十几个到几十个生物种类,大型园林则由成百上千的园林植物、园林动物和园林微生物所构成。从园林环境结构看,园林生态系统的环境结构主要指自然环境和人工环境。自然环境包含光照、温度、湿度、降水、气压、雷电、土壤、水分、O_2、CO_2、各种无机盐类以及非生命的有机物质等;人工环境指人工创建的、受人类干预的园林环境,如温室、人工化土壤、人工化光照条件及温度条件等。此外,为了增加园林生态系统的人文环境,树立以人为本的理念,提高园林生态系统的景观效果,加强园林生态系统的管理,人为建造的山、石、路、池、塘、亭、管、线、灯等,也应视为园林生态系统的人工环境。

(二) 空间结构

园林生态系统的空间结构指系统中各种生物的空间配置状况,通常分为水平结构和垂直结构。

1.水平结构

园林生态系统的水平结构指园林生物在园林边界内地面上的组合与分布,狭义来讲,主要指园林植物于一定范围内在水平空间上的组合与分布。它取决于物种的生态学特性、种间关系及环境条件的综合作用,在构成群落的形态、动态结构和发挥群落的功能方面有重要作用。园林生态系统的水平结构直接关系园林景观的观赏价值和园林生态系统的物质交换、能量转移和信息传递。因各地自然条件、社会经济条件和人文环境条件的差异,其在水平方向上表现为以下三种结构类型。

(1)自然式结构

园林植物在地面上的分布常表现为随机分布、集群分布、均匀分布和镶嵌式分布四种类型,无人工影响的痕迹。各种植物种类、类型及其数量分布无固定形式,表面上参差不齐,无一定规律,但本质上是植物与自然完美统一的过程。因此,园林植物采用参差不齐、种类和数量不等的法则就是遵循自然规律的一种表现。只有对植物的生理生态习性、植物与环境间的适应、植物与植物的种间种内关系有全面的了解，才能配置出较为理想的自然式结构。各种自然保护区、郊野公园、森林公园的生态系统多是自然式结构。

（2）规则式结构

园林植物在水平方向上的分布按一定的造园要求安排，具有明显的规律性，如圆形、方形、菱形等规则几何形状，或对称式、均匀式等规律性排列，具某种特殊意义，如地图类型的外部形态，等等。一般小型城市园林、小型公园的生态系统采取规则式结构。

（3）混合式结构

园林植物在水平方向上的分布既有自然式结构，又有规则式结构，二者有机地结合在一起。在造园实践中，有些场合单纯的自然式结构往往缺乏庄严肃穆的氛围，而纯粹的规则式结构则略显呆滞，因而绝大多数园林采取混合式结构。因为混合式结构既能有效地利用当地自然环境条件和植物资源，又能按照人类意愿，考虑当地自然条件、社会经济条件和人文环境条件提供的可能，引进外来植物构建符合当地生态要求的园林系统，最大限度地为居民和游人创造宜人的景观。

2. 垂直结构

园林生态系统的垂直结构即成层现象，是指园林生物在一定的区域范围内垂直空间上的组合与分布，特别是园林植物群落的同化器官和吸收器官在地上的不同高度和地下不同深度的空间垂直配置状况。在垂直方向上，环境因子如地理高度、水体深度、土层厚度的不同而使生物群落形成适应不同环境条件的各类层次的立体结构。目前，园林生态系统垂直结构的研究主要集中在地上部分的垂直配置上。主要表现为以下六种配置状况：①单层结构，仅由一个层次构成，或草本，或木本，如草坪、行道树等；②灌草结构，由草本和灌木两个层次构成，如道路中间的绿化带配置；③乔草结构，由乔木和草本两个层次构成，如简单的绿地配置；④乔灌结构，由乔木和灌木两个层次构成，如小型休闲森林等的配置；⑤乔灌草结构，由乔木、灌木、草本三种层次构成，如公园、植物园、树木园中的某些配置；⑥多层复合结构，除乔、灌、草以外，还包括各种附生、寄生、藤本等植物配置，如复杂的森林或营造的一些特殊的植物群落等。

（三）时间结构

园林生态系统的时间结构是指由于时间的变化而产生的园林生态系统的结构变化。园林生态系统的时间结构主要表现为以下两种形式。

1.季相变化

季相变化是指园林生物群落的结构和外貌随季节的更迭依次出现的改变。春季可以观赏榆叶梅的娇艳花朵,入夏可以看到羊胡子苔草的新穗形成一片褐黄色,浮于绿色叶丛之上,入秋可以观赏到元宝枫的红叶景观,冬季则可以看到常绿树白皮松的挺拔壮观景色及其美丽的雪景。植物的物候期现象是园林植物群落季相变化的基础。设计园林植物的配置方式时,应充分考虑这一规律,做到四季都有重点景观。随着人类对园林人工环境的控制及园林新技术的开发应用,园林生态系统的季相变化将更加丰富多彩。

2.长期变化

长期变化是指园林生态系统随着时间的推移而产生的结构变化,这是在大的时间尺度上园林生态系统表现出来的时间结构。这种变化表现为园林生态系统经过一定时间的自然演替变化,如各种植物,特别是各种高大乔木经过自然生长所表现出来的外部形态变化等,或由于各种外界(如污染)干扰使园林生态系统所发生的自然变化。此外,人类干预也能导致园林生态系统的长期变化,如通过园林的长期规划所形成的预定结构表现,它是在人工管理和人为培育过程中实现的。

(四)营养结构

园林生态系统的营养结构是指园林生态系统中的各种生物在完成其生活史的过程中通过取食形成的特殊营养关系,即通过食物链把生物与非生物、生产者与消费者、消费者与分解者连成一个有序整体。园林生态系统是典型的人工生态系统,其营养结构也由于人为干预而趋于简单,在城市环境中表现尤为明显。按生态学原理,增加园林植物群落的复杂性,为各种园林动物和园林微生物提供生存空间,既可以减少管理投入,维持系统的良性运转,又可以营造自然氛围,为当今缺乏自然的人们,特别是城市居民提供享受自然的空间,为人类保持身心的生态平衡奠定基础。园林生态系统的营养结构有如下特点:

1.食物链上各营养级的生物成员在一定程度上受人类需求的影响

在造园时,人们按照改善生态环境、提供休闲娱乐及保护生物多样性等目的安排园林的主体植物,系统中的其他植物则是从自然生态系统中继承下来的。与此相衔接,食物链上的动物或微生物必然受到人类的干预。此外,为了保证园林植物的健康成长,人类不得不采取措施来控制园林生态系统中的虫、鼠、草等有害生物,以避免其对园林生物存活及生长发育造成有害的影响。同时,鸟类等有益生物则受到人类的保护,从而得以生存和发展。园林生态系统的这种生物存在状况决定了其食物链上各营养级的生物成员在一定程度上受人类需求的影响。

2.食物链上各生物成员的生长发育受到人为控制

自然生态系统食物链上的生物主要是适应自然规律,进行适者生存的进化。而园林生态系统中各营养级的生物成员,则在适应自然规律的同时还受人类干预完成其生活史,实现系统的各种功能,表现各种形态和生理特性。特别是园林的主体植物,其生长发育过程受到人为的控制和管理,从种子苗木选育、营养生长到生殖生长都受到人类的干预,从而使食物链上其他生物成员的生长发育也直接或间接地受到人为控制。

3.园林生态系统的营养结构简单,食物链简短而且种类较少

自然生态系统的生物种类较多,其食物网较复杂,从而使系统内的物质、能量转换效率高,系统稳定性好。园林生态系统由于受到人为干预,生物种类大大减少,营养结构趋于简单,食物链简短,系统抗干扰能力及稳定性较差,在很大程度上依赖于人为的干预和控制。为了提高园林生态系统的稳定性和抗逆性,人类不得不增加投入和管理,如灌水、施肥、使用化学农药和植物生长调节剂等以维持系统的稳定和正常运行。

(五)层次结构

园林生态系统具有明显的层次结构,多个低层次的功能单元结合构成较高层次的功能性整体时,会产生在低层次中没有的新特性,这种现象就是新生特性现象或新生特性原则。园林生态系统既有其本身对局部环境重要作用的功能表现,又具有在更高一层次的城市、区域层次上保证其整个系统良性循环的作用。由于每个组织层次都具有同样的重要性,每个层次都有它本身特有的新生特性,因此,对园林生态系统的认识和研究要从不同层次来考虑,这样既能保证园林生态系统本身作用的发挥,又能促进整个大环境功能的发挥。

生态系统的层级系统具有结构和功能的双重性。结构上的层级是重要而明显的,其纵向可构成垂直层级系统;横向的同一层级可构成平行并列系统;纵横交叉的网络系统又可构成各种立式交叉的组织等。层级系统理论认为,生态系统具有非平衡的兼容性,即低层级过程可被高层级的行为所包含,通过兼容,小尺度层级被大尺度层级所融合,但并不存在绝对的部分和整体,通常可以在不同的时空尺度上分解为相对离散的结构或功能单元。通过兼容,小尺度上的非平衡性或空间与时间上的异质性可以转化为大尺度上的平衡性和均质性,在这种等级的转化过程中系统的复杂性增加。

第二节　园林生态系统的功能与规划

一、园林生态系统的功能

园林生态系统通过由生物与生物、生物与环境所构成的有序结构,把环境中的能量、物质、信息分别进行转换、交换和传递,在这种转换、交换和传递过程中形成了生生不息的系统活力、强大有序的系统功能与独具特色的系统服务。

(一)园林生态系统的基础功能

1.能量流动

生态系统中的绿色植物通过光合作用,将太阳能转化为自身的化学能。固定在植物有机体内的化学能再沿着食物链,从一个营养级传到另一个营养级,实现能量在生态系统内的流动转化,维持着生态系统的稳定和发展。园林生态系统中的能量流动,除了遵循生态系统能量流动的一般规律外,由于大量人工辅助能的投入,可以极大地强化能量的转化速率和生物体贮存能量的能力。园林生态系统由于受到人类不同程度的干预,是一种人工或半人工的生态系统。其能量流动过程不同于自然生态系统,既具有自然生态系统的特征,又具有其自身的独特特点。

(1)园林生态系统的能量来源

园林生态系统的能量,一方面来自太阳辐射能,是园林生态系统的主要能量来源;另一方面来自各种辅助能。辅助能指除太阳辐射能外,任何进入园林生态系统的其他形式的能量。辅助能通常可分为自然辅助能和人工辅助能两种类型。自然辅助能是指在自然过程(如沿海和河口湾的潮汐、风、降水及蒸发作用等)中产生的太阳辐射能以外的其他形式的能量;人工辅助能是指人们在从事生产活动过程中有意识投入的各种形式的能量,目的是改善生产条件,提高生产力,如灌溉、施肥、病虫害防治、育种等,包括生物辅助能和工业辅助能两类。生物辅助能指来自生物有机物的能,如劳力、种苗、有机肥等,也称有机能;工业辅助能又称为无机能或化石能,如化肥、农药、生长调节剂、机具等。人工辅助能在园林生态系统中所占的比重相对较大,且有增多的趋势。辅助能不能直接被园林生态系统中的生物转化为化学潜能,但能促进辐射能的转化,对园林生态系统中生物的生存、光合产物的形成、物质循环等有很大的辅助作用。

（2）园林生态系统能量的流动途径

①草牧食物链。也称捕食食物链,是由园林植物开始,到草食动物,再到肉食动物这样一条以活的有机体为营养源的食物链,如草→蝗虫→百灵、草→兔子→狐狸。

②腐食食物链。亦称残屑食物链,是指以死亡有机体或生物排泄物为能量来源,在微生物或原生动物参与下,经腐烂、分解将其还原为无机物并从中取得能量的食物链类型。园林中的有机物质首先被腐食性小动物分解为有机质颗粒,再被真菌和放线菌等分解为简单有机物,最后被细菌分解为无机物质供植物吸收利用,如枯枝落叶→蚯蚓→腐败菌,植物残体→蚯蚓→线虫类→节肢动物。

③寄生食物链。这是以活的动植物有机体为能量来源,以寄生方式生存的食物链,如黄鼠→跳蚤→细菌→噬菌体等,动植物体上的寄生都属于这一类型。

④能量的暂时贮存。将动植物以天然或人为方式贮存的过程,如标本、石油、煤等等。

⑤人工控制途径。经过人工处理,能量按照人为的过程进行,但最终以热能的形式散失掉,如植物的移植,人为消除残、枯腐植物或无观赏价值的树木等。

在自然生态系统中,森林生态系统以腐生食物链为主(因为林木最终以腐烂分解为终),草原、淡水、海洋等生态系统以草牧食物链为主。园林生态系统或以腐生食物链为主或以人工控制途径为主,具体以哪种为主,取决于具体的位置以及人们的管理措施等。

（3）园林生态系统的能量流动特点

园林生态系统由于受到人类不同程度的干预,是一种人工或半人工的生态系统。其能量流动过程不同于自然生态系统,具体表现为以下特点:

①园林生态系统的能量来源于太阳辐射能和辅助能两方面。大量的人工投能是园林生态系统能量流动的最大特点。由于地形、地势、海拔、纬度、坡向等因素的影响,不同的区域的太阳辐射能表现出一定的差异,这包括光质、光照强度和光照时间的不同。此外,由于不同地区社会、经济、技术条件的不同,向园林生态系统投入各种辅助能的数量和质量也有所不同。因此,园林生态系统的能量流动表现出明显的地域性差异。

②园林生态系统能量流动途径不同于自然生态系统。园林生态系统中的园林动物和园林微生物作用相对较弱,园林植物贮存的能量不以为各种消费者提供能量为主要目的,而是以净化环境等各种生态效益,以及供人们观赏、休闲等社会效益为目的。

③园林生态系统表现为开放系统,必须施加人工投入才能维持系统的正常运转。园林生态系统的能量流动,不管是自然的食物链(网),还是人工控制的各种途径,都符合能量转化和守恒定律,即热力学第二定律。园林生态系统的植物、动物、微生物在能量转化过程中所固定的能量,由于人为的管理作用,必然不断地被输出系统之外。与此同时,为维持系统

的正常运转,还需要投入大量的能量来补充,使系统的能量输入和输出保持动态平衡。

从生态系统原理和园林生态系统的特点看,人为干预园林生态系统是必不可少的,但应尽量增加园林植物的种类及数量,为各种园林动物与园林微生物提供生存空间,以充分发挥园林动物与园林微生物在整个生态系统中的作用。这样,既可以减少园林管理者的能量投入,又可以促进园林生态系统自身调控机制和自然属性的发挥,增加系统的自然气息和活力,使人类更能接近自然,享受自然。

2.物质循环

物质在生态系统中起着双重作用,既是用以维持生命活动的物质基础,又是贮存化学能的载体。园林生态系统是一个物质实体,包含着许多生命所必需的无机物质和有机物质,这些必需物质主要包括 C、H、O、N、P 等营养元素,Ca、Mg、K、Na、S 等生命活动需要量较大的营养元素,以及 Cu、Zn、B、Mn、Mo、Co、Fe、Al、F、I、Si 等各种微量元素。园林生态系统的物质循环通常可包含三个层次:园林植物个体内养分的再分配、园林生态系统内部的物质循环和园林生态系统与其他生态系统之间的物质循环。

(1)园林植物个体内养分的再分配

园林植物的根吸收土壤中的水分和矿质元素,叶吸收空气中的 CO_2 等营养物质满足自身的生长发育需求,并将贮藏在植物体内的养分转移到需要的部位,就是园林植物个体内养分的再分配。植物在其体内转移养分的种类及其数量取决于环境中的养分状况以及植物吸收的状况。一般在养分比较缺乏的区域,植物体内的养分再分配较为明显,需要通过养分在植物体的再分配来维持植物正常的生长发育。这也是植物保存养分的重要途径。植物体内养分的再分配在一定程度上缓解了养分的不足。有些植物在不良的环境条件下形成贮存养分的特化组织器官,但这不能从根本上解决养分的亏缺。因此,在园林生态系统中,要维护园林植物的正常生长发育,特别是在贫瘠的土壤环境中,要通过人为补充水分、矿质元素等物质来满足植物生长的需要。

(2)园林生态系统内部的物质循环

园林生态系统内部的物质循环是指在园林生态系统内,各种化学元素和化合物沿着特定的途径从环境到生物体,再从生物体到环境,不断地进行反复循环利用的过程。园林植物在生长发育的过程中,无论其地上部分还是地下部分,都要进行新陈代谢。园林动物在生长发育过程中,其排泄物或其尸体直接留在系统内,为微生物分解,或为雨水冲刷进入土壤中,变成简单物质后可为植物生长再吸收利用,即进入下一轮循环。由于园林生态系统是人工生态系统,因此其系统内的物质循环扮演着次要的角色。因而,园林生态系统内部的物质循环包括园林植物对养分的吸收、养分在园林植物体内的分配与存贮、园林植物养分的损失,园林微生物对动植物尸体进行分解重新还原给园林生态环境的过程。人们为了保证园林的洁净,将枯枝落叶及动植物尸体清除出系统外,客观上削弱了园林生态系统内部的物质循环。

(3)园林生态系统与其他生态系统之间的物质循环

园林生态系统是一个开放的生态系统,不断地从其他生态系统中获得营养物质,同时也在不断地向系统外输送营养物质。首先表现为以气态的形式进行交换,也就是碳、氢、氧、氮、硫等以气态的形式输入输出园林生态系统。其次是通过沉积循环的方式与外界生态系统进行物质交换。磷、钙、钾、钠、镁、铁、锰、碘、铜、硅等元素的循环都属于沉积循环。同时,园林生态系统是人工生态系统,要维持系统的正常运行,满足人类对园林的观赏和游憩需求,就必须从系统外输入大量的物质,以保证园林植物的生长、发育并保持植物个体或群落的样貌。因而,人工控制已成为园林生态系统物质循环的重要途径,包括各种营养物质的人工输入、苗木移植、动植物残体的人工处理、人为引进各种动物和微生物等等。

3.信息传递

信息传递是生态系统的基本功能之一,园林生态系统中的园林植物、动物、微生物以及人类相互之间不断地进行着信息传递以相互协调,保持园林生态系统稳定的发展趋势。园林生态系统是一种人工控制的生态系统,人类利用生物与生物、生物与环境之间的信息调节,使系统更协调、更和谐;同时,也可利用现代科学技术控制园林生态系统中的生物生长发育,改善环境状况,使系统向人类需要的方向发展。在园林生态系统中,园林植物是核心部分,与其他各成分有着广泛的联系,对园林植物本身的生长发育,对园林生态系统的协调与稳定,都有着重要的意义。

(1)光与植物间的信息传递

植物的光形态建成即依赖光控制细胞的分化、结构和功能的改变,以促成组织和器官的建成。在这个过程中,光只作为一种信息激发受体而不是以光合条件的身份出现的,主要表现在以下方面:①消除黄化现象;②控制某些种子萌发;③影响植物的开花。

作为信息的光与光合作用中的光是有本质区别的。在量上,它比光合作用所需的量要少得多。有资料表明,许多植物光形态建成所需红闪光的能量与一般光合作用补偿点的能量相差10个数量级。在质上,信息光波长为0.28~0.8m,超出了可见光范围;在作用机理上,信息光仅启动植物发生分化方式的转换而不参与光合作用。

(2)植物与植物间的信息传递

化感作用又称为相生相克,指植物(包括微生物)间的生物化学相互作用。这种相互作用既包括抑制作用,也包括促进作用。化感作用定义为植物(包括微生物)通过向周围环境中释放化学物质影响邻近植物(包括微生物)生长发育的现象。

植物群落的结构、演替、生物多样性等均与化感作用有关。有的植物喜欢独居,如豚草、莎草等常形成单一植物种群落,而将其他植物排除得干干净净;有的植物喜欢与其他植物共居,并且相互间有明显的促进作用,如玫瑰与百合。

植物通过挥发、根分泌、雨水淋溶和残体分解等途径释放化感作用物质,对其周围的植物生长产生抑制效应,如香桃木属、桉树属和臭椿属等释放的酚类化合物从叶面溢出进入土壤后,表现出对亚麻的抑制效应。

有些植物的化学分泌物对其他植物也会产生促进作用,如皂角和白蜡树、槭树和苹果、梨树和葡萄等,它们之间可通过化学分泌物相互促进。

（3）植物与微生物之间的信息传递

高等植物的化感物质主要通过水淋溶、根分泌、残体分解和气体挥发四种途径释放到周围环境中影响邻近植物的生长发育。水淋溶、根分泌和残体分解都要接触到土壤,土壤中大量微生物可从两个方向对植物分泌的化感物质起作用:①将原来的化感物质降解为没有化感活性的物质,如有的微生物将植物产生的酚类物质作为碳源而分解;②将没有活性的物质转化为有化感活性的物质。

（4）植物与动物之间的信息

植物终生位置的固定性似乎决定了植物只能待在原地等待昆虫与其他植食动物的侵袭和吞食,然而事实上植物并不是软弱无能,处于完全被动受害地位的,而是通过形态、生理生化等各方面采取了多种行之有效的手段来保护自己。在考察生态系统植物与动物间的信息联系时不难发现,植物作为信息源,对植食动物发出了种种防卫信息。

植物的次生代谢物常具有一定的色、香、味等,这构成了植物和动物间生化交互作用的化学信号。例如苦味是个重要信息,可对许多植食动物引起拒食作用,但对有些植食动物却又是引诱的信号。

植物每一种次生物质都有其特定的作用,能产生特定的信号,成为植物—昆虫间交互作用的纽带。例如金雀花中信号物质生物碱——鹰爪豆碱是一种有毒物质,其含量随植物生活周期而变化。金雀花蚜就以它为信息,春季以嫩枝汁液为食,夏季则转移到花芽和果荚。另外,同样结构的化合物可以是植物和昆虫、植食动物和哺乳动物间多方位、多层次的多种信号。这样的信息联系大大增加了生态系统信息传递的多样性和复杂性。

植物花的形态、色泽、味道等是植物与授粉动物之间重要的信息。充分了解植物与其周围环境、植物与植物、植物与其他生物之间的信息联系,能更好地为园林植物的生长发育提供技术支持,并能保持园林生态系统的健康与和谐。

（二）园林生态系统的服务功能

园林生态系统作为一种生态系统，既具有生态系统总体的服务功能，又具有其本身独特的服务功能。具体内容至少表现为以下六点：

1.净化空气和调节气候

园林生态系统对环境的净化作用主要表现在对大气环境和土壤环境的净化作用。园林生态系统对大气环境的净化作用主要表现在维持碳氧平衡、吸收有害气体、滞尘效应、减菌效应、负离子效应等方面。园林植物在生长过程中，通过叶面蒸腾，把水蒸气释放到大气中，增加了空气湿度、云量和降雨。园林植物还可以平衡温度，使局部小气候不至于出现极端类型。园林植物群落可以降低小区域范围内的风速，形成相对稳定的空气环境，或在无风的天气下形成局部微风，缓解空气污染，改善空气质量。园林生态系统对土壤环境的净化作用主要表现在园林植物的存在对土壤自然特性的维持，以保证土壤本身的自净能力；园林植物对土壤中各种污染物的吸收，也起到了净化土壤的作用。

2.生物多样性的维护

生物多样性是指从分子到景观各种层次生命形态的集合，是生态系统生产和生态系统服务的基础和源泉，通常包括生态系统、物种和遗传多样性三个层次。园林生态系统可以营建各种类型的绿地组合，不仅丰富了园林空间的类型，而且增加了生物多样性。园林生态系统中各种植物类型的引进，一方面可以增加系统的物种多样性，另一方面又可保存丰富的遗传信息，避免自然生态系统因环境变动，特别是人为的干扰而导致物种灭绝，起到了类似迁地保护的作用。

3.维持土壤自然特性的功能

土壤是一个国家财富的重要组成部分。在人类历史上，肥沃的土壤养育了早期文明，有的古代文明因土壤生产力的丧失而衰落。今天，世界约有 20% 的土地因人类活动的影响而退化。通过合理营建园林生态系统，可使土壤的自然特性得以保持，并能进一步促进土壤的发育，保持并改善土壤的养分、水分、微生物等状况，从而维持土壤的功能，保持生物界的活力。

4.减缓自然灾害

结构复杂、功能良好的园林生态系统可以减轻各种自然灾害对环境的冲击，减缓灾害的深度蔓延，如干旱、洪涝、沙尘暴、水土流失、台风等。各种园林树木对以空气为介质传播的生物流行性疾病、放射性物质、电磁辐射等有明显的抑制作用。

5.休闲娱乐功能

园林生态系统可以满足人们日常的休闲娱乐、锻炼身体、观赏美景、领略自然风光的需求,能减轻压抑,使心理与生理病态得到治疗。洁净的空气、和谐的草木万物,有助于人的身心健康,使人的良好性格和理性智慧得以充分发展。

6.精神文化的源泉及教育功能

各地独有的自然生态环境及人为环境塑造了当地人们的特定行为习俗和性格特征,同时决定了当地人们的生产生活方式,孕育了各具特色的地方文化。园林生态系统在供人们休闲娱乐的同时,还可以使人学习到自然科学及文化知识,提升人们的知识素养。人们在对自然环境的欣赏、观摩和探索中,得到许多只可意会而难以言传的启迪和智慧。多种多样的园林生态系统的生物群落中充满自然美的艺术和无限的科学规律,是人们学习的大课堂,为人们提供了丰富的学习内容。园林生态系统丰富的景观要素及生物的多样性,为环境教育与公众教育提供了机会和场所。

二、园林生态规划

(一) 园林生态规划概述

1.生态规划概述

生态规划是以可持续发展的理论为基础,以生态学原理和区域规划原理为指导,应用系统科学、环境科学等多学科的手段辨识、模拟和设计人工复合生态系统内的各种生态关系,确定资源开发利用与保护生态适宜度,探讨改善系统结构与功能的生态建设对策,促进人与环境持续协调发展的一种规划方法。其目的是在区域规划的基础上,通过对某一区域生态环境和自然资源的全面调查、分析和评价,把区域生态建设、环境保护、自然资源的综合利用、区域社会经济建设有机结合起来,培育天蓝、水清、地绿、景美的生态景观,打造整体、谐同、自生、开放的生态文明,孵化经济高效、环境和谐、社会适用的生态产业,确定社会、经济、环境协调发展的最佳生态位,建设人与自然和谐共处的舒适、优美、清洁、安全、高效的生态区,建立低投入、高产出、低污染、高循环、高效运行的生产调控系统,最终实现区域经济效益、社会效益和生态效益高度统一的可持续发展。生态规划具有以人为本,以资源环境承载力为前提,以强调系统开放、优势互补、高效和谐、可持续性等为显著特征。

2.园林生态规划的含义

园林生态规划是指运用园林生态学的原理,以区域园林生态系统的整体优化为基本目标,在园林生态分析、综合评价的基础上,建立区域园林生态系统的优化空间结构和模式,最终的目标是建立一个结构合理、功能完善、可持续发展的园林生态系统。生态规划与园林生态规划既有差异也有共同点,生态规划强调大、中尺度的生态要素的分析和评价的重要性,如城市生态规划;而园林生态规划则以在某个区域生态特征的基础上的园林配置为主要目标,如对城市公园绿地、广场、居住区、道路系统、主题公园、生态公园等的规划。园林生态规划的任务应包括确定城市各类绿地的用地指标,选定各项绿地的用地范围,合理安排整个城市园林生态系统的结构和布局方式,研究维持城市生态平衡的绿地覆盖率和人均绿地等,合理设计群落结构、选配植物,并进行绿化效益的估算。

传统的园林绿地系统规划是以园林学和城市规划学为基础的,城市园林绿地设计多以塑造室外空间环境、满足城市居民对绿地空间的使用要求为主。从具体的实施效果来看,传统的城市园林绿地系统规划也存在较多问题,如园林绿地系统规划设计缺少科学的理论支撑,缺少生态学方面的考虑,对城市绿地系统在再现自然、维持生态平衡、保护生物多样性、保证城市功能良性循环和城市系统功能的整体稳定发挥等方面的考虑与认识明显不足。城市园林绿地规划设计过分强调绿地的形式美,绿地人工化倾向较为严重,部分城市甚至把建设大草坪广场作为一种时尚,以破坏自然为代价来换取整齐的人工园林景观,缺少对原有自然环境的尊重,忽略了景观整体空间上的合理配置,致使园林景观封闭、物种单一、异质性差、功能不完善。在城市园林绿地的建设过程中,受经济利益的驱动致使城市大量现有和规划绿地被侵占,公共绿地建设速度极其缓慢,园林绿地建设往往同社会效益、经济效益明显对立起来,这是造成城市园林绿地实际实施效果不佳的主要原因之一。

而以园林生态学为指导的园林绿地系统规划很注重融合生态学及相关交叉学科的研究成果,提倡在城市园林绿地系统规划中融入生态学和园林规划的思想,使城市园林绿地规划与园林生态规划实现有机结合,对城市绿地系统的布局进行深入的分析研究,使建成的城市园林绿地不仅外部形态符合美学规律以及居民日常生活行为的需求,同时其内部和整体结构也符合生态学原理和生物学特性的要求。城市绿地系统在城市复合生态系统中肩负着提供健康、安全的生存空间,创造和谐的生活氛围,发展高效的环境经济的重任。

(二) 园林生态规划的原则

园林生态规划的主要特点体现在规划思想的多角度、多层次的综合性、宏观性及开放性上,园林生态规划原理是在对各种设计思想兼收并蓄的基础上形成的,将地理学的格局研究与生态学的过程研究相结合作为原理的核心,吸收园林及建筑美学思想,综合考虑各种社会学、经济学、环境学、文化人类学等因素,并强调规划设计的动态调整。园林生态规划与设计应包括以下原则。

1.整体性原则

在进行生态规划时要遵循整体性原则,不能仅仅考虑某一个子系统或系统内某一组分,要从生态系统的整体来考虑总体规划与设计,局部利益服从整体利益,短期利益服从长远利益。

从系统的角度来看,绿地景观是由一系列生态系统组成的具有一定形态结构和功能的整体,在规划中应把园林景观作为一个有机的整体系统来思考和管理,以达到整体的最佳效果。在营造既能改善城市环境又能满足景观效应双重目的的园林绿地系统的过程中,首先,要保证相当规模的绿色空间和绿地总量,要充分尊重城市原有的自然景观和文化景观,杜绝对城市原有地形的过分人工化改造。其次,要增加园林绿地的空间异质性,合理进行植物配置,构筑稳定的复层混合立体式植物群落,提高环境多样性和多维度,丰富物种多样性,通过植物、动物食物链的合理连接形成自然而协调的生态系统,有利于抵抗不良因素干扰。再次,要合理布置城市绿地空间布局,构筑生物廊道,重视城郊绿化,完善园林绿地系统结构和功能。最后,要提高绿地的连接度,为边缘物种提供生境,注重保持郊区大面积绿地,通过生物通道的合理设计和建造来维持景观稳定发展,保持物种多样性。在重视植物配置的生态学要求基础上,要保护和加强开阔地及生物走廊基本网络,完善园林绿地系统的结构和功能,使之具有系统性、有机性,保证城市生态系统中生物因子的生态维持能力。

2.自然优先原则

保护自然景观资源和维持自然景观生态过程及功能是保护生物多样性与合理开发利用资源的前提,是景观持续性的基础。自然景观资源包括原始自然保留地、历史文化遗迹、森林、湖泊以及大的植物斑块等,它们对保持区域基本的生态过程和生命维持系统以及保护生物多样性具有重要意义,规划时应优先考虑。

地带性植被是最稳定的植被类型,它是在大气候条件下形成和发展的。规划种植的植物必须因地制宜、因时制宜,要借鉴地带性植被的种类组成、结构特征和演替规律,以乔木为骨架,以木本植物为主体,在城市中艺术地再现地带性植被类型。此外,城市的自然地理因素是重要的景观资源和生态要素。城市园林生态系统规划应充分利用这些要素,因地制宜地组织由城市景观廊道及各类斑块绿地构成的完整的、连续的城市绿地空间系统。

3.生态位原则

园林生态系统的生物都具有生态位,即不仅要考虑其现存自然生态条件,还要考虑其所必需的社会经济条件。由于不同植物的生长速度、寿命长短以及对光、水、土壤等环境因子的要求不同,配置时如果没有充分考虑植物的种间关系,那么就会影响每一种个体的生长,种间恶性竞争会导致数年后植物群落退化、功能衰减,达不到设计的预想效果,同时也是对人力和物力的浪费。因此,在人工植物群落的构建过程中,应根据本地植物群落演替的规律,充分考虑其物种组成,选配生态位重叠较少的物种,并利用不同生态位植物对环境资源需求的差异,确定合理的种植密度和结构,以保持群落的稳定性,增强群落的自我调节能力,保持系统能量流动、物质循环、信息传递过程的正常进行。

4.以人为本原则

在城市绿地空间组织中要贯彻以人为本的原则,满足人的审美需求对自然生态环境的要求,为人们建起绿色生态屏障,让人们充分享受绿地带来的好处。因此,生态绿地空间的定位、具体的空间规划设计要考虑园林对人类的安全性,同时要考虑园林生态系统的安全性,如引进的外来物种是否对系统的稳定造成危害等;还要预计到居民的行为方式和绿地的实用性,布置幼儿、青少年、成年人和老年人各种不同需要的生活和游憩空间,反映一定的文化品位。高品位的绿地规划设计是尊重和保护生态环境的,真正的环境艺术创造是与自然友好相处的。这是实现生态绿地系统规划所要达到的最美好的人居环境目的的重要工作内容,同时也显示出居民参与的重要性。

5.异质性与生物多样性原则

异质性是景观最重要的特性之一,景观空间异质性的维持与发展应是景观生态规划与设计的重要原则。生态规划时应综合考虑各个层次的多样性。多样性维持了生态系统的健康和高效,是生态系统服务功能的基础,因此,园林生态规划应坚持生物多样性原则,保持园林绿地类型、结构、组成等方面的多样与变化,尤其是物种多样性,这是园林生态规划的准则。因为物种多样性是生物多样性的基础,其存在的前提则是生态系统多样性。保护园林生态系统中的生物多样性,就是要对原有环境中的物种加以保护,而不能按统一格式更换。此外还应积极引进新物种,但引种时要注意外来物种对原有园林生态系统格局安全的影响。

6.针对性原则

不同地区、不同类型的园林绿地常具有不同的个体特征,其差异反映在绿地生态系统的结构与功能上。因此,园林生态规划要因地制宜,体现当地景观的特征,这也是地理学上地域分异规律的客观要求。园林生态规划的对象是某一地区特定的农业、城市或自然景观,不同地区的景观有不同的结构、格局和生态过程,故生态规划的目的也不尽相同。例如,为保护生物多样性的自然保护区设计,为农业服务的农业布局调整,以及为维持良好环境的城市绿地系统规划,等等。因此,园林生态规划一定要因地制宜,体现地方特色,突出园林绿地的生态、社会功能,以人为本,同时注重自然保护。规划时对资料的收集与整理应该有所侧重,针对绿地功能确定规划思想与原则。

7.生态平衡和可持续发展原则

园林生态规划应注重规划人与环境、生物与环境、生物与生物、社会经济发展与资源环境、景观利用的人为结构与自然结构和生态系统与生态系统之间的协调。以可持续发展为基础,立足于景观资源的可持续利用和生态环境的改善,保证社会经济的可持续发展。这就要求在使用自然资源中要提倡减量使用、重复使用、循环使用,保护不可再生资源。园林生态规划必须从整体出发,对整个景观进行综合分析,使区域景观结构、格局和比例与区域自然特征和经济发展相适应,谋求生态、社会、经济三大效益的协调统一。在规划中尽量合理使用自然资源,尽量减少使用能源;对废弃土地可通过生态修复得到重复使用;新建园林景观要对原有的植物资源尽量再利用,减少浪费;促进园林生态系统资源的循环使用,如将枯枝落叶作为肥料归还大自然;充分保护不可再生的资源,保护特殊的景观要素和生态系统,如保护湿地景观、自然水体等。

8.协调共生原则

在生态规划中必须遵循协调共生的原则。协调是指要保持城市与区域,部门与子系统各层次、各要素以及周围环境之间相互关系的协调、有序和动态平衡;共生是指不同的子系统合作共存、互惠互利的现象,其结果是所有共生者都大大节约了原材料的运输量,系统获得了多重效益。不同产业和部门之间的互惠互利、合作共存是搞好产业结构的条件和生产力合理布局的重要依据,部门之间联系的多寡和强弱及部门的多样性是衡量区域共生强弱的重要标志。

9.可操作性和经济性原则

规划的可操作性和经济性是检验规划是否合理的重要原则。任何园林生态系统的规划必须是可实施的,不能脱离一定的时代经济背景。经济性是指既考虑投资成本的经济性,不能超越社会的承载力,同时也要追求社会经济效益的最大化。

10.功能高效原则

生态规划的目的是要将规划区域建设成为一个功能高效的生态系统,使其内部的物质代谢、能量流动和信息传递形成一个环环相扣的网络,物质和能量得到多层分级利用,废物循环再生,系统的功能、结构充分协调,系统能量的损失最小,物质利用率和经济效益最高。

11.综合性原则

园林生态规划是一项综合性的研究工作,园林生态规划需要多学科合作,包括园林规划者、土地和水资源规划者、景观建筑师、生态学家、土壤学家、森林学家、地理学家等,而且园林生态规划是对景观进行有目的的调整,除景观本身的自然属性之外,必然涉及社会、经济条件以及人类的价值观。这就要求在全面和综合分析景观自然条件的基础上,同时考虑社会经济条件、经济发展战略和人口问题,还要进行规划方案实施后的环境影响评价。只有这样,才能增强规划成果的科学性和应用性。

(三)园林生态规划的步骤与内容

1.园林生态规划的步骤

生态规划分为五个步骤:①确立规划范围与目标;②广泛收集规划区域的自然与人文资料,包括地理、地质、气候、水文、土壤、植被、野生动物、自然景观、土地利用、人口、交通、文化、人的价值观调查,并分别描绘在地图上;③根据规划目标综合分析,提取在第二步所收集的资料;④对各主要因素及各种资源开发利用方式进行适宜性分析,确定适应性等级;⑤综合适宜性图的建立。

其核心是:根据区域自然环境与自然资源性能,对其进行生态适宜性分析,以确定利用方式与发展规划,从而使自然的利用与开发及人类其他活动与自然特征、自然过程协调统一起来。

生态规划过程或规划程序本身是不断进步与发展的,有关园林生态规划步骤目前尚无统一标准。较早的规划一般采用简单的顺序,概括为调查——分析——规划方案。生态规划是系统规划,在规划方法和过程中应体现控制论的思想。

2.园林生态规划的内容

(1)生态环境调查与资料收集

园林环境生态调查的方法有历史资料的收集、实地勘察、社会调查、遥感及计算机数据库,比如区域环境绿化或大型风景区的规划常用到遥感技术,同时应强调借助专家咨询、民意测验等公众参与的方法来弥补数据的不足。值得注意的是,资料的收集不仅要重视现状、历史资料及遥感资料,更要重视实地考察,以获得第一手资料。

园林生态规划强调人是园林生态系统最重要的组成部分,同时也注重人类活动与园林生态系统的相互影响和相互作用。因为无论是过去的还是现在的以及将来的园林生态系统的结构和各种环境问题都与人类活动相关,是人类活动直接或间接的结果。

(2)园林环境生态分析

园林环境生态分析主要是对园林生态系统的结构和功能进行分析,辨识生态位势,评估生态系统的健康度、可持续度等,研究不同园林生态子系统之间的时空关系,物种的分布与流动,子系统的大小、形状、数量和类型,以及子系统之间的能量流动、物质循环和信息传递,提出自然、社会、经济发展的优势、劣势和制约因子。园林环境生态分析是园林生态规划的一个主要内容,为园林生态规划提供决策依据。

园林环境生态分析对园林生态规划具有重要意义,因为园林生态规划的中心任务是通过已有园林生态因子的重新组合或引入新的绿地组分来调整或构建新的园林生态系统,以增加整个系统的多样性和稳定性。由于人类活动长期改造的结果,园林生态系统的组成、结构和生态过程(物流、能流)都带有强烈的人为特征,所以在进行园林生态规划时一定要注意处理好人与自然的关系,充分考虑人的需求,维护自然生态过程,实现人与自然的和谐发展。

(3)生态功能区划和生态区划

生态功能区划和生态区划是对区域空间在结构功能上的类聚与划分,是生态空间规划、产业布局规划、土地利用规划等的基础。

①生态功能区划。这是进行生态规划的基础,应综合考虑生态要素的现状、问题、发展趋势及生态适宜度,提出工业、农业、生活居住、对外交通、仓储、公建、园林绿化、游乐功能区的综合划分以及大型生态工程布局方案。

②生态区划。它是在对生态系统客观认识和充分研究的基础上,应用生态学原理和方法,揭示各自然区域的相似性和差异性规律,从而进行整合和分异,划分生态环境的区域单元。由于自然界的复杂性,除生态学外,生态区划还必须结合地理学、气候学、土壤学、环境科学和资源科学等多个学科的知识,同时考虑人类活动对生态环境的影响以及经济发展的特点。因此,生态区划是综合多个学科,充分考虑自然规律和人类活动因素的综合生态环境研究。其目的就是为区域资源的开发利用和环境保护,即区域经济的可持续发展提供可靠的科学依据,从而减少人类在经济活动中的盲目性以及片面追求短期经济效益的危害性。由此可见,生态区划是关系到国计民生的长远发展战略,是特征区划和功能区划的集合,对各自然因素进行综合分析,进而加以区分和描述,必须考虑人类活动的影响及各生态系统和生态区的功能。在进行生态区划时,研究者通过对我国自然生态环境各要素的深入研究,了解自然生态环境的基本特征,人类活动对生态环境的影响以及生态系统的承载力、生态胁迫过程与生态脆弱性和敏感性等要素,进而在各生态要素区划的基础上,结合我国不同区域社会经济发展的特点和规律,正确制订生态环境综合区划方案,提出区域生态环境综合整治对策。

(4)环境区划

环境区划是生态规划的重要组成部分,应从整体出发进行研究,分析不同发展时期环境污染对生态状况的影响,根据各功能区的不同环境目标,按功能区实行分区生态环境质量管理,逐步达到生态规划目标的要求。其主要内容包括:区域环境污染总量控制规划,如大气污染物总量控制规划、水污染物总量控制规划等;环境污染防治规划,如水污染防治规划、大气污染防治规划、环境噪声污染规划、固废物处理与处置规划、重点行业和企业污染防治规划等。

(5)人口容量规划

人类的生产和生活对区域及城市生态系统的发展起着决定性作用。因此,在生态规划编制过程中,必须确定近、远期的人口规模,提出人口密度意见,提高人口素质对策和实施人口规划对策。研究内容包括人口分布、规模、自然增长率、机械增长率、男女性别比、人口密度、人口组成、流动人口基本情况等。

(6)产业结构与布局规划

合理调整区域及城市的产业布局是改善区域及城市生态结构、防治污染的重要措施。城市的产业布局要符合生态要求,应根据风向、风频等自然要素和环境条件的要求,在生态适宜度大的地区设置工业区。各工业区对环境和资源的要求不同,对环境的影响也不一样。在产业布局中,隔离工业一般布置在远离城市的独立地段上;污染严重的工业布置在城市边缘地带;对于那些散发大量有害烟尘和毒性、腐蚀性气体的工业,如钢铁、水泥、炼铝、有色冶金等应布置在对应盛行风的下风向或最小风频的上风向;对于那些污水排放量大,污染严重的造纸、石油化工和印染等企业,应避免在地表水和地下水上游建厂。

(7)生态绿地系统规划

城市生态规划应根据区域的功能、性质、自然环境条件与文化历史传统,制定出城市各类绿地的用地指标,选定各项绿地的用地范围,合理安排整个城市生态绿地系统的结构和布局形式,研究维持城市生态平衡的绿量(绿地覆盖率、人均公共绿地等),合理设计群落结构、选配植物,并进行绿化效益的估算。

制订区域生态绿地系统规划,首先必须了解该区域的绿化现状,对绿地系统的结构、布局和绿化指标做出定性和定量的评价,然后按以下步骤进行生态绿地系统规划:①确定绿地系统规划原则;②选择和合理布局各项绿地,确定其位置、性质、范围和面积;③拟定绿地各项定量指标;④对原绿地系统规划进行调整、充实、改造和提高,并制订绿地分期建设及重要修建项目的实施计划,以及划出需要控制和保留的绿化用地;⑤编制绿地系统规划的图纸及文件;⑥提出重点绿地规划的示意图和规划方案,如有需要,可提出重点绿地的设计任务书。

(8)资源利用与保护规划

在经济和社会发展过程中,人类对自然资源的掠夺式开发和不合理使用,导致人类面临资源枯竭的危险。因此,生态规划应根据国土规划和区域规划的要求,制订自然资源合理利用与保护的规划。其主要内容包括水土资源保护规划(包括城镇饮用水源保护规划);生物多样性保护与自然保护区建设规划;区域风景旅游、名胜古迹、人文景观等重点保护对象,确定其性质、类型和保护级别,提出保护要求,划定保护范围,制订保护措施。

(9)制订区域环境管理规划

主要内容有建立和健全区域环境管理组织机构的规划意见,区域范围环境质量常规监测以及重点污染源动态监测的规划意见,区域实施各项环境管理制度的规划设想,区域环境保护投资规划建议等。

第三节　园林生态系统的建设与调控

一、园林生态系统的建设

园林是自然景观与人文景观融为一体的特殊地域,已成为衡量城市现代经济水平和文明程度的标准,因此,以科学理论为指导,建设生态园林成为园林建设的热点。园林生态系统的建设是以生态学原理为指导,利用绿色植物特有的生态功能和景观功能,创造出既能改善环境质量又能满足人们生理和心理需要的近自然景观。在大量栽植乔、灌、草等绿色植物,发挥其生态功能的前提下,根据环境的自然特性、气候、土壤、建筑物等景观的要求进行植物的生态配置和群落结构设计,达到生态学上的科学性、功能上的综合性、布局上的艺术性和风格上的地方性,同时要考虑人力、物力和财力的投入量。因此,园林生态系统的建设必须兼顾环境效应、美学价值、社会需求和经济合理的需求,确定园林生态系统的目标以及实现这些目标的步骤等。

(一) 园林生态系统建设的原则

园林生态系统是一个半自然生态系统或人工生态系统,在其营建过程中必须从生态学的角度出发,遵循以下生态学原则,建立起满足人们需求的园林生态系统。

1.整体性与连续性原则

在一定的区域中,包括不同的行政单元,在地理、经济、环境等方面是一个相互联系的整体,任何局部的变化都会对其他区域产生影响。区域景观规划必须注重整体效益,尤其是在具有多种景观特征的区域和区域总体景观规划中,不能强调某一元素的单一效益或局部地区的利益,进而进行条块分割,切断区域内景观的有机联系,致使景观破碎化,影响区域生态系统正常的生态功能和整体的生态服务价值,不利于社会和经济的可持续发展。只有将园林生态系统建设为一个统一的整体,才能保证其稳定性,增强园林生态系统对外界干扰的抵抗力,从而大大减少维护费用。

2.格局和过程统一的原则

区域现有的景观特征是格局和过程相互作用的结果。园林生态景观建设主要是对区域景观格局的营建、调整和恢复,但必须考虑相应的生态过程。通常过程是目标,而格局是载体或手段,两者不可分割。在区域旅游发展中,除了考虑产业效益、游客体验以外,还要考虑区域相应建设对整体生物多样性保护的影响。

3.自然优先和生态文明的原则

生态文明的新理念是可持续发展的深层哲学基础,它继承了我国自古以来"天人合一"的思想,主张人与自然和谐共处,共同促进世界的发展。人类改变直接获取物质的开发利用方式,而以享受生态系统服务为主,同时保护自然,向自然投资,使自然资本增值。在处理人与自然的关系上,倡导自然优先原则,确保自然生态服务功能持续、有效地发展。通过区域生态景观、人居环境以及生态旅游等的建设和发展,带动周围区域的生态文明建设,是超越本区域的重要功能之一。

4.动态的和渐进的原则

目前,科学技术的发展日新月异,同时随着国际社会、经济、科技、文化的交融和发展,人们对区域规划理论的理解不断加深,对园林生态环境建设的要求也会不断提高,而生态系统自身,包括景观水平上的格局也在不断地演化。因此,任何一项规划都不可能是一贯而下的,描绘出区域发展的终极蓝图,必然是一个与人类社会的发展水平相适应的渐进的动态过程。

(二)园林生态系统建设的步骤

园林作为一种综合的艺术形式,其价值也是多方面的。首先,它是人们休憩游览的重要形式。无论古今,无论是否具备园林知识和文化修养,只要走进园林,人们都能够直接感受到园林的外在之美,这是园林生态系统的建设的重要功能。其次,园林不仅带来山水生物之美,同时也是文化、艺术,有形的山水、建筑、花草与人文艺术精神的相互融合,最大限度地满足了人与自然和谐相处的愿望,是园林生态系统建设过程中要考虑建设的目标之一。园林生态系统的建设一般可按照以下几个步骤进行:

1.园林环境的生态调查

园林环境的生态调查是园林生态系统建设的重要内容之一,是关系到园林生态系统建设成败的前提,特别是在环境条件比较特殊的区域,如城市中心、地形复杂、土壤质量较差的区域等,往往会限制园林植物的生存。因此,科学地对拟建设的园林环境进行生态调查,对建立健康的园林生态系统具有重要的意义。

2.园林植物种类的选择与群落设计

①园林植物的选择。园林植物的选择应根据当地的具体状况,因地制宜地选择各种适生的植物。一般要以当地的乡土植物种类为主,并在此基础上适当增加各种引种驯化的种类,特别是已在本地经过长期种植,取得较好效果的植物品种或类型。同时,要考虑各种植物之间的相互关系,保证选择的植物不至于出现相克现象。当然,为营造健康的园林生态系统,还要考虑园林动物与微生物的生存,选择一些当地小动物比较喜欢栖息的植物或营造其喜欢栖居的植物群落。

②园林植物群落的设计。园林植物群落的设计首先要强调群落的结构、功能和生态学特性相互结合,保证园林植物群落的合理性和健康性。其次要注意与当地环境特点和功能需求相适应,突出园林植物群落对特殊区域的服务功能,如工厂周围的园林植物群落要以改善和净化环境为主,应选择耐粗放管理、抗污吸污、滞尘、防噪的树种、草皮等;而在居住区范围内应根据居住区内建筑密度高、可绿化面积有限、土质和自然条件差以及人接触多等特点选择易生长、耐旱、耐湿、树冠大、枝叶茂密、易于管理的乡土植物构成群落,同时还要避免选用有刺、有毒、有刺激性的植物。

3.种植与养护

园林植物的种植方法可简单分为大树搬迁、苗木移植和直接播种三种。大树搬迁一般是在一些特殊环境下为满足特殊的要求而进行的,该种方法虽能起到立竿见影的效果,满足人们及时欣赏的需求,但绿化费用较高,技术要求较高且风险较大,从整体角度来看,效果不甚显著,通常情况不宜采用;苗木移植在园林绿化中应用最广,该方法能在较短的时间内形成景观,且苗木抗性较强,生长较快,费用适中;直接播种是在待绿化的地面上直接播种,其优点是可以为各种树木种子提供随机选择生境的机会,一旦出苗就能很快扎根,形成合适根系,可较好地适应当地生境条件,且施工简单,费用低,但成活率较低,生长期长,难以迅速形成景观,因此在粗放式管理特别是大面积绿化区域使用较多。养护是维持园林景观不断发挥各种效益的基础。园林景观的养护包括适时浇灌、适时修剪、补充更新、防治病虫害等各方面。

二、园林生态系统的调控

(一) 园林生态系统的平衡与失调

1.园林生态系统的平衡

园林生态系统平衡是指系统在一定时空范围内,在其自然发展过程中或在人工控制下,

系统内各组成成分的结构和功能处于相互适应和协调的动态平衡。园林生态系统平衡通常表现为以下三种形式:

(1)相对稳定状态。主要表现为各种园林植物与动物的比例和数量相对稳定,物质与能量的输入和输出相当。生态系统内各种生产者在缓慢的生长过程中保持系统的相对稳定,各种复杂的园林植物群落,如各种植物园、树木园、风景区等基本上属于这种类型。

(2)动态稳定状态。系统内的生物量或个体数量,随着环境的变化、消费者数量的增减或人为干扰过程会围绕环境容纳量上下波动,但变动范围一般在生态系统阈值内。因此,系统常通过自我调控处于稳定状态。粗放管理的、简单类型的园林绿地多属于这种类型。

(3)"非平衡"的稳定状态。系统的不稳定是绝对的,平衡是相对的,特别是在结构比较简单、功能单调的园林绿地,物质的输入输出不仅不相等,甚至不围绕一个饱和量上下波动,而是输入大于输出,积累大于消费。要维持其平衡必须不断地通过人为干扰或控制外加能量维持其稳定状态,如各种草坪以及具有特殊造型的园林绿地多属于该类型,必须进行适时修剪管理才能维持其景观;否则,其稳定性就会被打破。

园林生态系统是一个开放的生态系统,它是不断运动和变化的,可以通过自身内部的调控机制维持平衡,也可以通过外界的干扰(生物的或人类的)保持平衡。在系统内,物质的输入、输出始终在进行,局部或小范围的破坏或扰动可通过系统的整体调控机制进行调控和补偿,局部的变动或不平衡并不影响整体的平衡。

2.园林生态系统的失调

如果干扰超过园林生态系统的生态阈值和人工辅助的范围,就会导致园林生态系统本身自我调控能力下降甚至丧失,最后导致生态系统退化或崩溃,即园林生态系统失调。造成园林生态系统失调的因素很多,主要包括自然因素和人为因素。

(1)自然因素。如地震、台风、干旱、水灾、泥石流、大面积的病虫害等都会对园林生态系统构成威胁,导致生态系统失调。

(2)人为因素。人们对园林生态系统的恶意干扰是导致系统失调的另一重要原因。如城市建筑物大面积侵占园林用地,任意改变园林植物的种类配置,盲目引进外来未经栽培试验的植物种类,在园林植物群落内随意倾倒垃圾、污水等行为,为获得某种收益而扒树皮、摘树叶、砍大树、挖树根、捕获树体内昆虫等都会造成园林生态系统失调。

(二)园林生态系统的调控

园林生态系统的调控是以生态学原理为指导,利用绿色植物特有的生态和景观功能,创造出既能改善环境质量又能满足人们生理和心理需要的自然景观。在大量栽植乔、灌、草等绿色植物,发挥其生态功能的前提下,根据环境的自然特性、气候、土壤、建筑物等景观要素的要求进行植物的生态配置和群落结构设计,达到生态学上的科学性、功能上的综合性、布局上的艺术性和风格上的独特性,同时,还要考虑人力、物力的投入量。因此,园林生态系统的建设必须兼顾环境效应、美学价值、社会需求和合理的经济需求,确定园林生态系统的目标以及实现这些目标的步骤等。

园林生态环境系统运行以人为主体,具有主动性、积极性。从生态学的观点来看,园林是一个人、物、空间融为一体,生产、生活相辅相成的新陈代谢体。其基本特点是由相互联系的各部分组成,具有系统性、有机性、决策性。它以人为中心,以人的根本利益为目的,能自我调节,有再生和决策能力,与周围环境协同进化,是生长和运动着的有机体系。园林生态系统调控就是根据自然生态系统的高效、和谐原理去调控园林生态环境的物质、能量流动,使之平衡、协调。

1.园林生态系统调控的生态学原理

园林生态系统调控是根据自然生态系统的高效、和谐原理,即靠共生、竞争、自然选择来自我调控各种生态关系,达到系统整体功能最优,同时通过规划、法规、制度、管理来人为控制。

(1)生态系统食物链结构原理

只有将园林生态系统中的各条"食物链"接成环,使物质在系统内循环利用,减少废物的排放,尽可能将废物处理后再利用,在园林系统废物和资源之间、内部和外部之间搭起桥梁,才能提高园林的资源利用效率,改善园林生态环境。

(2)共生协同进化原理

共生指不同种的有机体或子系统合作、共存、互惠互利的现象。共生带来有序,生态效益随之增高;共生的结果使所有共生者都大大节约了原材料、能量和运输量,系统获得多重效益。因此,要提高园林生态系统的经济效益就要建立共生关系,发展多种经营,可用园林生态规划的方法,通过调整关系,解决系统关系不合理的问题,达到系统和谐的目标。

(3)因地制宜,占领生态位原理

要尽可能抓住一切可以利用的机会,占领一切可利用的生态位,包括生物、非生物(理化)环境、社会环境的选择。要有灵活机动的战略战术,善于利用现有的力量与能量去控制和引导系统。善于因势利导地将系统内外一切可以利用的力量和能量转到可利用的方向。

(4)整体优化和最适功能原理

园林生态系统是一个自组织系统,其演替目标在于整体功能的完善,而不是其组分的增长。要求一切组织增长必须服从整体功能的需要,其产品的功效或服务目的是第一位的。

随着环境变化,管理部门应及时调整产品的数量、品质和价格,以适应系统的发展。

（5）最小风险定律

在长期生态演替过程中,只有生存在与限制因子上、下限相距最远的生态位中的那些种类,生存机会才大。因此,现存物种是与环境关系最融洽、世代风险最小的物种。限制因子理论告诉我们,任何一种生态因子在数量与质量上的不足和过多,都会对生态系统的功能造成损害。园林提高了人类的生活品质,但是这一人工生态系统也为生产与生活的进一步发展带来了风险。要使经济可持续发展,生活品质稳步上升,园林生态系统也应采取自然生态系统的最小风险对策,调整人类活动,使其处于与上、下限风险值相距最远的位置,从而使风险最小,园林系统长远发展的机会最大。

2.园林生态系统的调控原则

园林生态系统是一个半自然生态系统或人工生态系统,在其调控过程中,必须从生态学的角度出发,遵循以下生态学原则,建立起满足人们需要的园林生态系统。

（1）森林群落优先建设原则

森林能较好地协调各种植物之间的关系,最大限度地利用当地的各种自然资源,是结构最为合理、功能健全、稳定性强的复层群落结构,是改善环境的主力军;同时,建设和维持森林群落的费用也较低,因此,在调控园林生态系统时应优先建立森林。乔木高度在 5m 以上,树冠覆盖度在 30% 以上的类型为森林。如果特定的环境不是建设森林或不能建设森林,也应适当发展结构相对复杂、功能相对强的森林型植物群落。

（2）地带性原则

每一个气候带都有其独特的植物群落类型,如高温高湿地区的热带典型地带性植被是热带雨林,四季分明的湿润温带典型地带性植被是落叶阔叶林,气候寒冷的寒温带则是针叶林。园林生态系统的调控要与当地的植物群落类型相一致,才能最大限度地适应当地的环境,保证园林植物群落调控成功。

（3）充分利用生态演替理论

生态演替是指一个群落被另一个群落所取代的过程。在自然状态下,如果没有人为干扰,演替次序为杂草→多年生草本或小灌木→乔木,最后达到"顶极群落"。生态演替可以达到顶极群落,也可以停留在演替的某一个阶段。园林工作者应充分利用这种理论,使群落的自然演替与人工控制相结合,在相对小的范围内形成多种多样的植物景观,既能丰富群落类型,满足人们对不同景观的观赏需求,又可为各种园林动物、微生物提供栖息地,增加生物种类。

（4）保护生物多样性原则

保护园林生态系统中生物的多样性，就是对原有环境中的物种加以保护，不要按统一格式更换物种或环境类型。另外，应积极引进物种，并使其与环境之间、各生物之间相互协调，形成一个稳定的园林生态系统。当然，在引进物种时要避免盲目性，以防生物入侵对园林生态系统造成不良影响。

（5）整体功能原则

园林生态系统的调控必须以整体功能为中心，发挥整体效应，各种园林小地块的作用相对较弱，只有将各种小地块连成网络，才能发挥更大的生态效应。另外，将园林生态系统建设成为一个统一的整体，保证其稳定性，并增强园林生态系统对外界干扰的抵抗能力，从而可以大大减少维护费用。

3.园林生态系统的调控技术

园林生态系统是一个开放的人工生态系统，与其他人工生态系统一样，也是由生物与其生存的环境组成的相互作用或有潜在相互作用的统一体。在组成系统的诸元素中，有些是人为可以控制的可控因子，如生物组分和环境质量组分中的水分和养分。而气候在目前的技术条件下无法直接进行人为控制，属于非可控因子，但通过一些适当措施，可以营造一个相对适宜的健康的生态系统。通过物理、化学和生物措施等的应用来调控园林生态系统，建立起光、热、水、气、土壤和各种生物的生态平衡，使经济、生态和社会三大效益相统一。但是人工调控必须按照生态学原理来进行，才能既满足目前需要，又能促进园林生态系统的良性发展。

（1）个体调控

园林生态系统的个体调控是指对生物个体，特别是对植物个体的生理及遗传特性进行调控，以增加其环境适应性，提高其对环境资源的转化效率，主要表现在新品种的选育上。我国植物资源丰富，通过选种可大大增加园林植物的种类，而且可获得具有各种不同优良发育的植物个体，经直接栽培、嫁接、组培或基因重组等手段产生优良新品种，使之既具有较高的生产能力和观赏价值，又具有良好的适应性和抗逆性。同时，从国外引进各种优良植物资源，也是营建稳定健康的园林植物群落的物质基础。但应注意，对于各种新物种的引进，包括通过转基因等技术获得的新物种，一定要谨慎使用，以防止其变为入侵物种，对园林生态系统造成冲击而导致生态失调。

（2）群体调控

园林生态系统的群体调控是指调节园林生态系统中个体与个体之间、种群与种群之间的关系，充分了解园林植物之间的关系，特别是园林植物之间、园林植物与园林环境之间的相互关系,在特定环境条件下进行合理的植物生态配置,形成稳定、高效、健康、结构复杂、功能协调的园林生物群落,是进行园林生态系统调控的重要内容。具体措施主要包括:①密度调节,如调节园林系统中植物的种植密度等;②前后搭配调节,如林木的更新;③群体种类组成调节,如立体种植、动物混养、混交林营造等;④对系统的生物组分进行调节。它主要包括两方面:利用肥料、生长调节剂、生物菌肥等对园林植物生长的调节;利用除草剂、杀虫剂、杀菌剂、园林益虫等对草害、病虫害的调控。

(3)环境调控

环境调控就是利用有关技术措施改善生物的生态环境,从而达到调控的目的。它包括对土壤、气候、水分、有利和有害物种等因素的调节,其主要目的是改变不利的环境条件,或者削弱不良环境因子对生物种群的危害程度。具体表现为运用物理(整地、剔除土壤中的各种建筑材料等)、化学(施肥、施用各种化学改良剂等)和生物(施用有机肥、利用赤眼蜂和七星瓢虫等益虫防治害虫等)等方法改良生物生存的环境条件;通过各种自然或人工措施调节气候环境(利用温室、大棚、人工气候室等保存、种植园林植物);通过增大水域面积,喷灌、滴灌等方法直接改善生物生存环境的水分状况。

(4)适当的人工管理

园林生态系统是在人为干扰较频繁环境下的生态系统,人们对生态系统的各种负面影响必须通过适当的人工管理来加以补偿。当然,有些地段特别是城市中心区环境相对恶劣,对园林生态系统的适当管理更是维持园林生态平衡的基础。而在园林生物群落相对复杂、结构稳定时可适当减少管理的投入,通过其自身的调控机制来维持。

(5)大力宣传与普及生态意识

加强法制教育,依法保护生态,大力宣传,提高公众的生态意识,是维持园林生态平衡乃至全球生态平衡的重要基础。要加强生态环境宣传教育,树立牢固的环境意识和环境法制观念,为保护环境与资源、维持生态平衡做贡献;参与监督、管理、保护环境的公众活动;积极开展以《环境保护法》为主的各类宣传教育活动,让人们认识到园林生态系统对人们生活质量、人类健康的重要性,从我做起,爱护环境,保护环境。另外,在工业上推广不排污或少排污的工艺,推行废水、废气、废渣的回收利用;在园林植物的管护时推广节水、节肥、节农药以及生物防治病虫害等技术;积极调整能源结构,积极推广太阳能、风能等"洁净"能源,并在此基础上主动建设园林生态系统,真正维持园林生态系统的平衡。

(6)系统结构调控

利用综合技术与管理措施,协调不同种群的关系,合理组装成新的复合群体,使系统各组分间的结构与功能更加协调,系统的能量流动、物质循环更趋合理。从系统构成上讲,结构调控主要包括三方面：①确定系统组成在数量上的最优比例；②确定系统组成在时间、空间上的最优联系方式，要求因地制宜、合理布局园林系统的配置；③确定系统组成在能流、物流、信息流上的最优联系方式，如物质能量的多级循环利用、生物之间的相生相克配置等。

(7)设计与优化调控

随着系统论、控制论的发展和计算机应用的普及，系统分析和模拟已逐渐地应用到生态系统的设计与优化中，使人类对生态系统的调控由经验型转向定量化、最优化。

第三章 环境与园林植物

第一节 水与园林植物

一、城市水环境特点

(一)城市水污染现象

1.水污染严重

水体污染是指一定量的污染物质进入水域,超出了水体的自净和纳污能力,从而导致水体及其底泥的物理、化学性质和生物群落组成发生不良变化,破坏了水中固有的生态系统,破坏了水体的功能,从而降低水体使用价值的现象。

造成水体污染的因素是多方面的:向水体排放未经过妥善处理的城市生活污水和工业废水;施用的化肥、农药及城市地面的污染物,被雨水冲刷,随地面径流进入水体;随大气扩散的有毒物质通过重力沉降或降水过程而进入水体;等等。

(1)水体富营养化

水体富营养化的产生是因为水体中氮、磷、钾等营养物质过多,导致水中的浮游植物(如藻类)过度繁殖。水体富营养化使得浮游生物迅速生长繁殖,水中溶氧量减少,水体混浊,透明度降低,严重时导致鱼类窒息死亡、水体腥臭。藻类死亡残体分解的毒素,进入食物链危害其他动物和人类。

(2)有毒物质的污染

有毒物质包括重金属、有机化工产品等。以海洋水域受污染为例,高浓度或剧毒性污染物可以引起海洋生物个体中毒死亡,而低浓度污染物影响生物个体的生理生化、形态、行为等。世界自然保护基金会的研究者研究得出结论,人工有毒化学物质并非北极地区所制造和使用的,全球其他地区的受污染空气和水质随着全球气流和洋流的向北移动,流向北极地区。此外,由于北极日照较少、气温较低,有害化学物质不易分解挥发。

水污染可以改变生物群落的组成和结构,导致敏感的生物种类减少甚至消失,造成耐污生物个体数量增多。如有机污染较严重的水域,小头虫数量明显增多,可达群落总生物量的80%~90%,从而降低了群落生物多样性,使生态平衡失调。

通过控制生态系统实验,发现低浓度的铜、汞、镉和多氯联苯可改变植物的种类组成,进而改变食物链的类型。

(3)水体热污染

水体热污染是指受人工排放热量进入水体所导致的水体升温。大量热能排入水体,使水中溶解氧减少,并促使水生植物繁殖,鱼类的生存条件变坏。热污染主要来源于发电厂和其他工业的冷却水。如发电厂燃料中只有三分之一热能转化为电能,其余三分之二则流失于大气或冷却水中。水温高还会使氰化物、重金属离子等污染物的毒性增强。

①水体热污染对植物的影响和危害。水体热污染会减少藻类种群的多样性,加速藻类种群的演替,如硅藻在水温为25℃时即会被绿藻代替,水温为33~35℃时绿藻又会为蓝藻所代替。大多数水生维管束植物,尤其是某些浮水植物,在增温区甚至全部消失。

②水体热污染对动物的影响和危害。水生动物绝大部分是变温动物,体温随水温的升高而升高。水温超过一定温度,即会引起水生动物酶系统失活,代谢机能失调,直至死亡。许多昆虫的幼虫对热污染的耐受力都很差。一般水生动物能忍受的温度上限为33~35℃,对底栖动物产生影响的水温上限约为12℃。一般认为40℃是鱼类能够忍受的最高温度。

③水体热污染对水生生物的间接危害。水体热污染使一些毒物的毒性增高,如锌离子由13.5℃增高到21.5℃时,对虹鳟鱼的毒性将增加一倍;水体热污染可加速微生物对有机物的分解,从而消耗大量的溶解氧。随着水温的升高,一些致病微生物的活性增强,而水生动物的抗病力却相对减弱,导致大量水生动物的死亡。

(二)城市水资源短缺

由于城市的空间范围有限,人口密集,工业发达,人类的社会活动影响集中,如果没有合适的废污水处理排放系统,城市水环境将日趋恶化,同时,城市的废气、废渣排放量也很大,易造成大气污染,形成酸雨,进而影响地表水和地下水,并危及人类健康。

城市用水主要为生活及工业用水,供水要求质量高,且在区域上高度集中,供水时间相对均匀,年内分配差异小,仅在昼夜间有差别。城市本身地域狭小,本地水资源量十分有限,可利用的程度低,且城市用水量大,一般本地水源难以满足。因此,城市供水主要依靠现有的城区外围水源地或客水调引来支持。

(三) 城市径流量增大

城市化使地表水停留时间短,下渗和蒸发减少,径流量增加,地下水减少且得不到补偿。随着城市化的发展,工业区、商业区和居民区不透水面积不断增加,树木、农作物和草地等面积逐步减小,减少了蓄水空间。不透水地表的入渗量几乎为零,使径流总量增大,雨水汇流速度大大提高。因地表的入渗量减小,地下水补给量相应减小,枯水期河流基流量也将相应减小。而城市排水系统的完善,如设置道路边沟、布雨水管网和排洪沟等,增加了汇流的水力效率。城市中的天然河道被裁弯取直,整治使河槽流速增大,导致径流量和洪峰流量加大。

二、水的生态作用及园林植物的适应

(一) 水的基本性质

1.植物生存的重要条件

水是任何生物体都不可缺少的组成成分,生物的一切代谢活动都必须以水为介质。植物生长需要无机盐,水既是重要的无机盐溶剂,又直接参加光合作用生成有机物和氧气。

2.影响植物的生长、发育和繁殖

水分过少导致植物体内矿物质元素浓度上升,直到大于土壤中矿物质元素浓度,造成植物失水萎蔫。水分过多,导致根的有氧呼吸作用降低,矿物质吸收减少,无氧呼吸作用加强,有毒物质积累。

3.影响植物在地球上的分布

一年中的降水总量和雨季的分布是限制陆生生物分布的重要因素。水量充足的地方植被相对丰富,反之则植物稀少;雨量充足的季节植被又会多一些,如春夏和秋冬的植被就有所不同。不同的地方植被分布不同,如雨量充沛的热带雨林中植物种类最多,而温带有针叶林和阔叶林。干旱的沙漠地区,只有少数耐干旱的动植物能够生存,如仙人掌这种耐旱的植物。河边、池塘边水草丰盈,石山上一般只有一些迎客松等耐旱的植物。

(二) 水对园林植物的生态作用

1.空气湿度对园林植物的影响

湿度过高容易使植物霉烂落花,病虫害蔓延;空气湿度过低又使植物花期缩短,花色变淡;长期干燥条件下植物生长不良,影响开花和结实。

北方室内,喜湿润的花卉叶色变黄,可采取喷洗枝叶或罩上塑料薄膜等方法提高湿度。兰花、蕨类、秋海棠类、龟背竹等要求空气相对湿度不低于80%。茉莉、白兰花、扶桑等花卉要求空气湿度不低于60%。

2.土壤水分对园林植物的影响

浇水过多而又排水不畅时,植物会因根系缺氧而呼吸困难、代谢降低,导致窒息烂根;土壤中氨化细菌、硝化细菌等好氧菌的正常活动受阻,影响矿物质营养的供应;厌氧菌,如丁酸细菌等则大量繁殖,产生硫化氢和氨等有毒物质,引起根系中毒死亡。

土壤水分不足,根部吸收水分少于叶面蒸发水分时,叶片就会萎蔫、发黄枯萎,体内合成酶活性降低,营养物质的吸收和运输受阻。非旱生花卉缺水时,细胞体积显著缩小,细胞壁收缩,使原生质受压,易造成机械损伤而死亡。

因此,园林绿化时,在植物材料的选择和城市森林及绿地的建设上应充分考虑本地区的水分特点。

(三) 园林植物对水因子的适应

根据对水分的需求和依赖程度,植物被划分为水生植物和陆生植物。水生植物和陆生植物有明显区别:水生植物具有发达的通气组织和不发达或退化的机械组织;叶片多分裂成丝状、带状。

1.水生植物

根据对水位高低的适应情况,水生植物分为沉水植物、浮水植物(浮叶植物和漂浮植物)和挺水植物三种生态类型。

2.陆生植物

陆生植物分为湿生植物、中生植物和旱生植物三种生态类型。

园林植物对水分的适应情况不同,因此,在园林植物群落构建时要选择适应当地气候和土壤环境的植物种类。常用于园林的旱生植物种类有马尾松、栓皮栎、石楠、沙柳、枣树、骆驼刺、木麻黄、天竺葵、天门冬、杜鹃、锦鸡儿等,这些植物可以适应较干旱的环境。

三、园林植物对水分的调节作用

(一) 增加空气湿度

城市园林植物有强大的蒸腾作用,同时可以有效遮挡太阳辐射,降低风速。园林植物的蒸腾作用可以增加附近环境空气的相对湿度。如 10 000m² 的阔叶林一天蒸腾 2 500t 水,是同等面积裸露土地蒸发量的 20 倍,相当于同面积水库的蒸发量。城市公园的相对湿度比城市其他地区在夏季高 30%~45%,春秋季高 20%~30%,冬季高 10%~20%。

(二) 涵养水源,保持水土

园林植物林冠层、灌木草本层和枯枝落叶层对降水有一定的截留作用,减弱了雨水对地表的冲刷,同时将植物释放出来后存在表面的养分淋溶下来,增加土壤的养分。绿地土壤有良好的渗透性和保水性。由于园林植物的截留作用,地表径流量减小,减少了水土流失。自然降雨时,有 15%~40% 的水量被树冠截留或蒸发,有 5%~10% 的水量被地表蒸发,地表的径流量不到 1%,大多数的水,即 50%~80% 的水量被林地上一层厚而松的枯枝落叶所吸收,然后逐步渗入土壤中,变成地下径流。这种水经过土壤、岩层的不断过滤,流向下坡或泉池溪涧。

在园林工作中,为了达到涵养水源、保持水土的目的,应选植树冠厚大,郁闭度强,截留雨量能力强,耐阴性强,生长稳定和能形成富于吸水性落叶层的树种。根系深广也是选择的条件之一,因为根系广、侧根多,可加强固土固石的作用,根系深则有利于水分渗入土壤的下层。按照上述标准,一般常选用柳、槭、胡桃、枫杨、水杉、云杉、冷杉、圆柏等乔木和榛、夹竹桃、胡枝子、紫穗槐等灌木。在土石易于流失塌陷的冲沟处,宜选择根系发达,萌蘖性强,生长迅速而又不易发生病虫害的树种,如乔木中的旱柳、山杨、青杨、侧柏、白檀等,灌木中的杞柳、沙棘、胡枝子、紫穗槐等,以及藤本植物中的南蛇藤、紫藤、葛藤、蛇葡萄等。许多草本植物由于具有发达的根系,也可用来护坡,保持水土。

(三) 净化水体

植物对水的净化作用主要表现在两方面。

1.植物的富集作用

植物可以吸收水体中的溶解物质,植物对元素的富集浓度是水中浓度的几十至几千倍,对净化城市污水有明显的作用。如:水葫芦能从污水中吸收重金属物质;菖蒲、梭鱼草和水葱对富营养化水体有明显的净化作用;千屈菜对水体中的总磷(TP)有显著的去除效果,在 0 ~0.4mg/L 的 TP 浓度范围内,千屈菜植株均生长良好;苦草可以有效去除水体中的污染物,对氮、磷污染的水体处理效果最好,另外苦草还对锌、铜污染的水体有一定净化作用。

2.植物具有代谢解毒能力

在水体的自净过程中,生物体是最活跃、最积极的因素,如水葱、灯芯草等可以吸收水体中的单元酚、苯酚、氰化物。氰化物是一种毒性很强的物质,但通过植物的吸收,与丝氨酸结合变成腈丙氨,最终转变为无毒的天冬氨酸。

第二节 大气与园林植物

一、城市大气污染

(一)大气的主要组成

空气是复杂的混合物,如果不受污染,其成分在干燥和标准大气压下应保持稳定。大气按体积计算,组成如下:N_2 占 78.08%,O_2 占 20.95%,Ar 占 0.33%,CO_2 占 0.032%,还有其他气体,如 H_2、Ne、He、O_3 和 Kr,以及变化不定的尘埃、烟粒、花粉、水汽等。大气中的 N_2 不能被大多数植物直接利用,对植物影响最大的是 O_2 和 CO_2。

O_2 对植物的影响主要是直接影响植物的呼吸作用和通过土壤微生物的活动来影响植物的生长发育。植物的呼吸作用必须依靠 O_2,没有 O_2 植物就无法生存。通常情况下,大气中的 O_2 对于植物的地上部分来说是足够的,但由于根呼吸的原因,往往土壤中的 O_2 不足,从而影响植物根系的呼吸和生长,造成无氧中毒,阻止物质和能量的交换。所以改善土壤结构,调节土壤水分和地下水位,改善土壤气体状况,是促进植物生长的措施之一。土壤中的 O_2 还影响生物的活动情况,O_2 不足影响好氧微生物对有机物质的分解能力,阻碍养分元素的循环,进而影响植物的生长和发育。

就植物而言,CO_2 是光合作用的重要原料,因此 CO_2 浓度的高低与光合作用关系密切。CO_2 浓度的变化与光合作用强度的变化不是永远呈正相关的,当 CO_2 浓度超过一定范围时,由于气孔的关闭,光合作用强度反而下降。大气中的 CO_2 浓度随着时间和空间的变化而变化。一般来说,森林中 CO_2 最大浓度出现在日出前的地表层,最小浓度出现在午后的林冠层。不同季节、不同的森林类型,CO_2 浓度的变化都存在差别。森林中 CO_2 浓度的提高途径很多,如施固态 CO_2,改善林地状况,促进有机物质的分解,施有机肥等。

(二)大气污染及主要大气污染物

1.大气污染的概念及来源

大气污染是指由于人类活动和自然过程而进入大气的各种污染物质,其数量、浓度和持续时间超过环境所允许的极限时,大气质量发生恶化,使人们的工作、生活、身体健康以及动植物的生长发育受到影响或危害的现象。

大气污染的形成有自然原因和人为原因两种,大气污染源可分为自然污染源和人为污染源。火山爆发、地震、森林火灾等自然现象产生的烟尘、硫氧化物、氮氧化物等,称为自然污染源;人类的生产、生活活动形成的污染源称为人为污染源。大气污染主要来源于人类的活动,而生产活动又是造成大气污染的主要原因,特别是工业和交通运输,因而在工业区和城市中空气污染特别严重。

2.大气污染物的概念及主要种类

大气污染物是指进入环境后使环境的正常组成发生变化,直接或间接有害于生物生长、发育和繁殖变化的物质。在大气中,大气外来污染物的存在最终构成全球性的大气污染是有一定条件的。

根据国际标准化组织的分析显示,导致温室效应的温室气体有 CO_2、CH_4、N_2O、CFC(氟氯烷烃)等。导致温室效应最严重的气体是 CO_2;导致臭氧层破坏的污染物有 CH_4、N_2O、CCL_4、哈龙(溴氟烷烃)以及 CFC 等,破坏作用最大的为哈龙类物质与 CFC。

(三)城市大气环境的特点

工业及交通运输业的迅速发展以及煤、石油等燃料的大量使用,给城市环境带来巨大威胁。城市绿化植物在有效改善城市生态环境的同时也时刻受到颗粒污染物、烟尘、SO_2 和汽车尾气中多种污染物的混合污染。城市环境与绿化植物生理生态响应的关系日益成为环境生态领域研究的热点。

近年来,中国城市环境大气中 SO_2、NO_x 等主要大气污染物的年均浓度水平呈现持续下降趋势,虽然部分城市存在年均浓度超标的现象,但全国年均浓度水平低于现行环境空气质量二级标准,传统的煤烟型空气污染在一定程度上得到缓解。我国的城市空气质量呈现逐渐好转的趋势。

(四)造成大气污染的原因

1.机动车尾气排放管理滞后

近几年来,我国主要大城市机动车的数量大幅度增长,而且我国机动车污染控制水平较低,尾气污染程度加大,机动车尾气成为城市大气污染的重要来源。

2.部分城市绿化水平低

由于地区差异,部分城市的绿化水平低,裸地多,加上气象因素的影响,导致一些城市大气污染相对严重。

如我国西北甘肃一带,气候干燥,降雨量少,风沙大,植被稀少,这些自然因素导致该地区自然扬尘污染严重。

(五) 我国城市大气污染的防治对策

1.控制污染源

控制交通污染源和生活污染源是控制污染源的有效途径之一。治理交通污染源,第一要确定城市规模,控制人口数量;第二要控制车辆数量,尤其是把机动车数量控制在适量水平,不应任其随意发展;第三要对车辆能源进行改革,推广无铅汽油和汽油车电子控制燃油喷射技术,从长远来看,要开发和生产对大气无污染的新型能源车辆,如太阳能、电能车辆等,解决车辆尾气污染问题。北方城市取暖期应采取全市集中供热的办法,同时国家应大力发展电力事业,引导城市居民减轻生活煤灶对大气的污染。

2.合理布局城市工业

即使达到国家规定的废气排放标准的工业企业,其气体排放物仍对大气有一定的污染。所以,在旧城改建和新城规划时应充分考虑当地的自然条件,包括主导风向和地理环境。在工业企业选址时,从大气影响方面考虑,应注意根据城市的主导风向来选,厂址应选在下风向、空气流畅、利于废气扩散和稀释的地方,并与居住区之间保持一定的距离。

3.进一步开展城市绿化

进一步开展城市绿化是防治城市大气污染的重要生物措施。利用植物杀菌、滞尘、吸收有毒气体、调节 CO_2 和 O_2 比例等特性,减少城市大气污染,提高城市大气质量。

我国地域辽阔,各城市要根据自身所处位置的自然条件、经济条件设计科学、可行的绿地规划方案。要搞好城市绿地规划,规划方案应充分注意点(如公园)、线(道路)、面(居住区)绿化相结合,使整个城市绿地成为一个相互连接的系统,充分发挥绿地的作用。

要选好树种,搞好卫生防护林的营造与管护。树种的选择应以选用对大气污染抗性强的本地树种为主,北方城市应考虑适当扩大常绿树种的比例。街道绿化也应考虑选配杀菌力强的树种配合主干树种种植。工业企业与居住区之间营造卫生防护林,对净化空气有着重要的意义。卫生防护林带可起到过滤作用,减少大气污染,同时还可以部分吸收有毒气体。

二、大气污染对园林植物的影响及植物的抗性

(一) 大气污染物对园林植物的危害

大气污染物中 SO_2、氟化物等对园林植物危害严重。污染物在浓度很高时,会对植物产生急性危害,使叶表面产生伤斑,或叶片枯萎脱落。污染物浓度较低时,会对植物产生慢性危害,使植物叶片褪绿,生理机能受影响,造成产量下降。植物的叶、花、芽等是最易受到大气污染危害的,即便是角质层,也难挡 HF 和 HCl 的透入。植物受影响的程度与环境条件有关,SO_2 往往是在温度越高、湿度越大时伤害越重;氟化物对植物的伤害白天为晚上的 11 倍;NO_2 对植物的伤害夜间重于白天。

(二) 园林植物的抗性

1.确定植物抗性的方法

植物种类不同,抗性也不同。一般来说,常绿阔叶植物的抗性高于落叶阔叶植物,落叶阔叶植物的抗性高于针叶植物。确定植物抗性的方法包括三种:野外调查法、定点对比栽培法和人工熏气法。

(1)野外调查法

野外调查法是指在野外调查植物受伤害的程度,划分植物抗性的等级。

这种方法简单易行,结果接近于实际情况,是确定植物抗性的常用方法。但由于污染区的条件一般比较恶劣,往往是多种污染物并存或形成复合污染,很难确定某一特定污染物对植物的影响。因此,这种方法往往与其他方法结合使用。

(2)定点对比栽培法

可在污染源附近栽种植物,根据植物受害的程度确定抗性强弱。

(3)人工熏气法

把试验的植物置于熏气箱内,给熏气箱内通入有害气体,并控制在一定浓度,根据植物受伤害的程度,划分植物的抗性等级。

此法能较好地测定不同污染物及其不同浓度对植物的伤害状况,具有良好的控制性,应用十分广泛。

(三) 抗性等级的三级划分法

植物的抗性等级的三级划分法指的是抗性弱、抗性中等和抗性强。

抗性弱的植物对大气污染敏感,一旦受到有害气体的侵害,就很快表现出受害症状。抗性中等的植物能较长时间生活在一定浓度的有害气体环境中,达到一定受害时间后也会出现明显的受害症状。抗性强的植物能较长时间生活在一定浓度的有害气体环境中,或者能短期忍受较高浓度的污染,受害较轻或不受害,能正常生长。

另外,还可以采用大气污染耐受指数法测定植物对污染物的耐受程度。

(四) 常见的植物监测方法

植物监测方法具有经济、简便、可靠的优点,根据植物的受害症状,可以判断出大气污染物的种类,还可根据植物受害程度和污染时间来估测大气污染物的质量浓度范围。

1.植物监测的特点

(1)具有快速的特点

植物监测具有快速的特点,可以在早期发现大气污染。可用来监测 Cl_2 及氯化物的植物有复叶槭、落叶松、油松、木棉、假连翘、苹果树、桃树、苜蓿、荞麦、玉米、大麦、白菜、菠菜、萝卜、韭菜、葱、冬瓜、洋葱、番茄、菜豆、繁缕、向日葵等。当空气中 Cl_2 含量达到 $0.15 \sim 3mg/m^2$ 时,污染时间持续 $3 \sim 5h$,这些植物就会表现出受害症状。

(2)可以反映污染物的综合作用强度

植物监测可以反映污染物的综合作用强度。植物受到两种或两种以上有害物质同时复合作用时,受害程度可能具有相加、相减或相乘等协同作用。如 $0.69mg/m^2 SO_2$ 和 $0.058mg/m^2 O_3$ 的复合污染,能使烟草的受害面积达 38%,而这两种污染物单独作用都不发生烟草伤害,这就是复合污染对植物的伤害起了增效作用。而 SO_2 和 NH_3 的复合污染则由于两种气体的中和作用而对植物的伤害起了减效作用。

(3)可以监测污染物的种类及浓度

植物监测可以监测污染物的种类及浓度。植物受不同的大气污染物及其不同的浓度的影响,往往表现出不同症状。例如,杏、李、梅和某些柑橘类,以及郁金香、葡萄、大蒜、玉簪、苔藓、烟草、芒果、荞麦、玉米、番茄、榆树、山桃树、金丝桃树、慈竹、池柏、南洋楹和雪松等植物可用来监测氟化物。紫花苜蓿、芝麻、苔藓、菠菜、胡萝卜、地瓜、黄瓜、燕麦、棉花、大豆、辣椒、烟草、百日菊、麦秆菊、红花鼠尾草、玫瑰、中国石竹、苹果树、月季、合欢、杜仲、梅花、悬铃木、白杨、白桦、雪松、油松、马尾松和落叶松等植物可用来监测 SO_2。

(4)多年生树木可以反映地区污染历史

多年生树木的植物监测可以反映地区污染历史,如乔木的年轮记录着生长时期的气候环境状况变化及污染情况。利用工具插入树干取出样品,再进行测量分析,可以了解树木各生长时期的污染情况。还可以根据射线对不同材质的年轮有不同穿透力的特性,就地区的污染程度和历史做出评价。

2.常见的植物监测方法

常见的植物监测方法包括指示植物法、植物调查法和地衣、苔藓检测法三种。

(1)指示植物法

对氟化物的监测可以应用唐菖蒲。可根据叶片前端和边缘产生的淡棕黄色片状伤斑等进行检测。同时根据植物的放置地点,可以推算出污染范围。

SO_2 的指示植物为紫花苜蓿、曼陀罗和枫杨;HF 的指示植物为唐菖蒲、郁金香、落叶松和梅;HCl 的指示植物为落叶松等。

(2)植物调查法

植物的叶片对重金属、氟化物等污染物有一定的富集能力。对叶片中的这些污染物进行含量分析,可以了解大气污染物的种类、污染的范围和污染的程度。

叶片中污染物的含量同植物与污染源的距离及风向有关,距离污染源越近,植物叶片中污染物的含量越高。

(3)地衣、苔藓检测法

地衣和苔藓是非常敏感的大气污染指示植物,利用地衣、苔藓植物可以监测、指示大气污染,识别污染源,揭示大气沉降随时间的变化规律,并反映大气污染的时空变化格局,进而评价不同地区的环境状况。

三、园林植物净化空气的生态功能

(一)阻滞颗粒粉尘

园林植物具有阻滞颗粒粉尘的生态功能。植物的滞尘能力同其叶片的结构密切相关。不同植物的滞尘能力差异显著,同时,植物滞尘能力随季节变化而变化。

(二)吸收金属污染物

园林植物具有吸收金属污染物的生态功能。不同树种对同一种污染物的吸收量不同,而同一树种对不同污染物的吸收量也不同。雪松和女贞对铁有较高的吸收能力;对铅吸附能力强的树种有杨树、广玉兰、女贞和紫叶李;对铜吸收能力强的树种为构树、雪松、悬铃木和杨树。

（三）抑制病菌

许多芳香型植物中,挥发性物质含量较高,能释放出对单细胞生物、细菌和真菌具有抑制甚至致死作用的植物杀菌素,如侧柏、龙柏、圆柏、雪松、罗汉松、夹竹桃、大叶黄杨等都具有较强的抑菌活性。

（四）吸收有害气体

园林植物对于一定浓度范围内的有害气体具有一定的吸收净化能力。资料表明,通过高 15m、宽 15m 的悬铃木林带后,SO_2 浓度可降低 47.7%。火棘、槐树对于 Cl_2 吸收能力是较强的。

（五）吸收 CO_2,释放 O_2

不同树种固碳释氧能力存在差异,这主要与树种接受光照的多少及叶片的结构有关。单位叶面积的日固碳放氧能力较强的植物有乌冈栎、垂柳、糙叶树、乌桕、麻栎、醉鱼草、木芙蓉、荷花、鸢尾等,较弱的有元宝枫、中华槭、罗浮槭、樱桃等。

（六）降低噪声

植物能降低噪声是由于植物对声波有反射和吸收作用,影响植物群落降噪效果的主要因子是平均高度、叶面积指数、平均冠幅和盖度等群落结构特征因子。

（七）降温和增湿

适当、合理的绿化可以降低局部气温,提高空气湿度。植物在蒸腾过程中吸收大量热量,降低了环境温度,增加了空气的湿度。树冠的覆盖能减弱光照,降低局部气温,并使植物因蒸发而失去的水分大部分保持在林下,提高了林下相对湿度。

四、风对园林植物的生态作用

（一）对植物繁殖的影响

风是空气流动形成的,对植物有利的生态作用表现在其可帮助植物授粉和传播种子。兰科和杜鹃花科的种子细小,质量不超过 0.002mg;杨柳科、菊科、萝藦科、铁线莲属、柳叶菜属种子带毛;榆、槭、白蜡、枫杨、松等植物的种子或果实带翅;铁木属的种子带气囊。这些植物都借助于风来传播种子。此外,银杏、松、云杉等植物的花粉也都靠风传播。

(二) 对植物的机械损伤

风对植物有害的生态作用表现在台风、焚风、海潮风、冬春的旱风等的机械破坏作用。沿海城市的树木常受台风危害,只有椰子树和木麻黄最为抗风。四川渡口、金沙江的深谷、云南河口等地,有极其干热的焚风,焚风一过植物纷纷落叶,有的甚至死亡。海潮风常把海中的盐分带到植物体上。北京早春的干风是植物枝梢干枯的主要原因:由于土壤温度还没提高,根部没恢复吸收机能,在干旱的春风作用下,植物会枝梢失水而干枯。

(三) 对植物生长和形态的影响

强劲的大风常在高山上、海边和草原上遇到。由于大风经常性地吹袭,直立乔木迎风面的芽和枝条干枯、折断,只保留背风面的树冠,如一面大旗,故形成旗形树冠的景观。有迎风面的枝条常被吹得弯曲到背风面生长,有时主干也被风吹成沿风向平行生长,形成扁化现象。为了适应多风、大风的高山生态环境,很多植物生长低矮,成为垫状植物。

第三节　土壤与园林植物

一、土壤理化性质与园林植物

(一) 土壤物理性质与园林植物

1.土壤质地与结构

(1) 土壤质地

土壤颗粒根据土粒直径大小分为砂粒、粉粒和黏粒三类,根据各类土壤颗粒的含量比例对土壤所做的划分称为土壤质地或土壤机械组成。

土壤质地影响到水及空气的供给、土壤温度、土壤微生物活动、植物生长和分布等。砂土类土壤质地粗糙、疏松,通透性强,保水保肥力差,如红柳、沙蒿和花棒适宜在砂土生长;壤土类土壤质地均匀,通透性好,保水保肥力好,大部分植物在壤土上生长良好;黏土类土壤质地致密较细,通透性差,保水保肥力好,如枫杨、栎树适宜在较黏重的土壤生长。

植物对土壤质地的适应范围有宽有窄,有的植物适合质地较为黏重的土壤,如云杉、冷衫、桑等;有的植物生长需要较为良好的土壤质地,如红松、杉木等。同时,土层厚度对植物生长也有影响,一般根系较短的草本植物适应土层较薄的土壤,而一些根系较长的乔木则需要土层相应厚一些。

（2）土壤结构

土壤结构是指土壤颗粒排列和组合的形式。土壤结构会影响土壤水分和养分的供给能力。

土壤结构分为块状结构、核状结构、片状结构、柱状结构和团粒结构。其中,团粒结构有着特殊的圆形形态,能够较好地保持疏松的土壤环境,利于植物根系的发育和扎根,因此,团粒结构的土壤最适合植物的生长。同时,团粒结构的土壤还能协调保肥和供肥的矛盾。

（3）土壤紧实度

土壤紧实度是指土壤紧实或疏松的程度,一般用土壤容重和土壤硬度来表示。植物对土壤的紧实度有一定要求。紧实度过小,不能充分保持土壤中的养分和水分等,植物难以生长。紧实度过大,对植物生长同样不利。首先,土壤过于紧实会抑制根系的生长和发育。其次,紧实度大的土壤通透性较差,下渗水量较少,容易造成地表径流。如果地势较低,很容易积水,而在干旱时失水也较多,因此对植物水分的供给减少。同时,土壤紧实度过大会大大减少土壤微生物的数量,破坏微生物与植物根系的共生体系,使养分的提供和吸收都受到严重影响,造成植物养分的缺乏,从而使植物生长受到抑制,甚至长势衰弱而死。

2.土壤水分与空气

（1）土壤水分

土壤水分源于降水、灌溉和地下水补给。土壤水分可供植物根系吸收利用,还可以影响土壤中各种盐分的溶解、有机质分解等。

土壤含水量的重要指标有:土壤饱和含水量,表明该土壤最多能含多少水;田间持水量,是土壤饱和含水量减去重力水后土壤所能保持的水分;萎蔫系数,是植物萎蔫时土壤仍能保持的水分,这部分水也不能被植物吸收利用。

（2）土壤空气

土壤中的空气状况影响着土壤的性质以及土壤中的物理化学变化。土壤通气性指土壤允许气体通过的能力。了解土壤通气性能并进行有效调控（土壤及其环境之间）,是土壤管理的重要内容。

土壤通气性影响植物根系生长及其吸收水肥的功能。根系生长需要氧:氧含量低于10%,根系生长受阻;氧含量低于5%时,根系发育停止。土壤通气状况还会影响微生物的活性。

不同植物对土壤通气性的适应力不同,有些植物能在较差的通气条件下正常生长。一般来讲,土壤通气孔隙占土壤总容量的 10% 以上时,大多数植物能较好生长。较好的通气性有助于植物根系的发育和种子萌发,因此,在园林苗圃等经常用砂质土进行幼苗培育。

3.土壤温度

土壤的温度对植物的生长有一定的影响。土壤温度能直接影响植物种子的萌发和实生苗的生长,还影响植物根系的生长、呼吸和吸收能力。

大多数作物在 10~35℃ 的范围内随温度的升高而加快生长速度。在冬季温带植物的根系因土温太低而停止生长。土温太高也不利于根系或地下贮藏器官的生长。土温太高或太低都能减弱根系的呼吸能力,如向日葵在土温低于 10℃ 和高于 25℃ 时呼吸作用都会明显减弱。

此外,土温对土壤微生物的活动、土壤气体的交换、水分的蒸发、各种盐类的溶解度以及腐殖质的分解都有显著影响,而这些理化性质与植物的生长都有密切关系。

(二)土壤化学性质与园林植物

1.土壤酸碱度

土壤 pH 值是反映土壤质量的重要化学性质,对土壤的其他性质有较大的影响。自然状态下的土壤酸碱性主要受到气候、母岩和植被等因子的影响,经过漫长的地质大循环和生物小循环,形成了稳定的地带性土壤南酸北碱的格局。

一般植物对土壤 pH 值的适应范围在 4~9 之间,但最适范围在中性或近中性范围内。对于不同植物来讲其适应范围有所不同。按照植物对土壤酸碱性的适应程度分为酸性植物、中性植物和碱性植物。

2.土壤矿质元素

植物需要很多营养元素,大部分由土壤供给。植物根系从土壤中吸取的溶于水的无机盐类是形成植物叶绿素、各种酶和色素的基础物质,也是光合作用的活化剂。城市土壤养分匮缺使植物的生长量减缓,加上通气性差和水分匮乏等因素,植物寿命也相应缩短。

植物从土壤中所摄取的无机元素中有 13 种对任何植物的正常生长发育都是不可缺少的,其中大量元素有 7 种——N、P、K、S、Ca、Mg 和 Fe,微量元素 6 种——Mn、Zn、Cu、Mo、B 和 Cl。植物所需的无机元素主要来自土壤中的矿物质和有机质的矿物分解。腐殖质是无机元素的贮备源,通过矿质化过程而缓慢地释放可供植物利用的养分。土壤中必须含有植物所必需的各种元素,并且这些元素要保持适当比例,才能使植物生长发育良好,因此通过合理施肥改善土壤的营养状况是提高植物产量的重要措施。

多数矿物元素在土壤与种子之间没有相关性;土壤有效 P、K 含量在一定范围内与种子 P、K 含量有一定相关性;大量施肥,特别是有机肥与化肥混施有提高土壤中 Cd、Pb 和 Na 含量的作用。

3.土壤有机质

土壤有机质是土壤的重要组成部分,有机质对土壤形成、土壤肥力、环境保护及农林业可持续发展等方面都有着极其重要的作用。

土壤有机质的含量在不同土壤中差异很大,含量高的可达 30% 以上,含量低的不足 0.5%。

土壤有机质分为非腐殖质和腐殖质两大类,非腐殖质是原来动植物组织和部分分解的组织,腐殖质是土壤微生物分解有机质时重新合成的高分子化合物。

有机质是植物营养的主要来源之一,有机质含有植物生长发育所需的多种营养元素,特别是土壤中的 N,土壤中的 N 有 95% 以上是以有机状态存在的。土壤有机质的含量与土壤肥力水平是密切相关的。

有机质对植物的生长起促进作用。土壤有机质经矿质化过程释放大量的营养元素为植物生长提供养分,有机质的腐殖化过程合成腐殖质,保存了养分,腐殖质又经矿质化过程再度释放养分,从而保证植物生长全过程的养分需求。

土壤有机质(尤其是胡敏酸)可以增强植物呼吸,提高细胞膜的渗透性,增强植物对营养物质的吸收,同时有机质中的维生素和一些激素能促进植物的生长发育,并能增强植物抗性。

土壤有机质还可以改善土壤的物理性。有机质中的腐殖质是土壤团聚体的主要胶结剂,能促进土壤良好结构的形成。

土壤有机质还可增加吸热能力,提高土壤肥力,创造适宜的土壤松紧度。

有机质促进微生物和土壤动物的活动。土壤有机质是土壤微生物生命活动所需养分和能量的主要来源。有机质可以提高土壤的保肥性和缓冲性。

土壤养分是植物生长发育的基础,不同的土壤类型,对植物的供养能力不同。同时,植物长期适应于特定的土壤养分状况形成对其特定的适应。

通常,按照植物对土壤养分的适应状况将其分为两种类型:耐瘠薄植物和不耐瘠薄植物。不耐瘠薄植物对养分的要求较严格,营养稍有缺乏就会影响它的生长发育。在养分供应充足时,植株生长较快,长势良好,一般具有叶片相对发达,枝繁叶茂,开花结实量相对增多等特征。耐瘠薄植物是对土壤中的养分要求不严格,或能在土壤养分含量低的情况下正常生长。这包括两种含义,一种是植物对土壤的养分要求不严,虽然该种类型能正常生长但由于养分缺乏,生长较慢;另一种是植物本身对养分要求较高,但本身具有发达的根系及其相关特征(如菌根等),可从瘠薄的环境中获得充足的营养,从而适应不同的土壤类型。

二、土壤生物与园林植物

(一)土壤微生物与园林植物

1.土壤微生物的主要种类

土壤微生物指的是生活在土壤中的细菌、真菌、放线菌、藻类的总称。其个体微小,数量多,种类繁多,其种类和数量随成土环境及其土层深度的不同而变化。土壤类型不同,土层深度、季节、降水量、土壤反应和耕作制度等都对土壤微生物的分布和活动产生影响。土壤微生物的数量和种类受多种因素的影响,可以直接反映土壤肥力。

2.土壤微生物对园林植物的作用

土壤微生物在土壤中进行氧化、硝化、氨化、固氮、硫化等过程,促进土壤有机质的分解和养分的转化。土壤微生物是土壤内在的敏感因子,能精确地指示出土壤性质的变化过程和变化的程度。

在陆地生态系统中,植物是生产者,土壤微生物是分解者,植物将光合产物以根系分泌物和植物残体的形式释放到土壤,供给土壤微生物碳源和氨源,微生物则将有机养分转化成无机养分,以利于植物吸收利用。根际微生物被认为是土壤微生物的子系统,影响着植物定植、生长和群落演替。植物通过其根系产生的分泌物影响根际微生物的群落结构。同时,土壤微生物和植物共同在污染土壤的生物修复方面发挥着巨大作用。

(二)土壤动物

土壤动物是土壤中和落叶下生存着的各种动物的总称。土壤动物作为重要消费者,在生态系统物质循环中起着重要的作用,将各种有用物质同化并将其排泄产物归还到环境。

常见的土壤动物有蚯蚓、蚂蚁、鼹鼠、变形虫、轮虫、线虫、壁虱、蜘蛛等。有些土壤动物与处在分解者地位的土壤微生物一同对堆积在地表的枯枝落叶、动物尸体及粪便等进行分解;细菌的繁殖能使落叶松的枯枝变软;枯枝落叶经土壤动物吞食变成粪便排出后,又便于微生物的分解。一部分土壤动物是自然界的分解者;另一部分土壤动物是以其他动物为食物的捕食者。蚯蚓大量取食土壤,促进土壤团粒结构的形成,改善土壤结构,提高有机质。土壤中的其他无脊椎动物以及地面上的昆虫等均对植物的生长有一定的影响。例如有些象鼻虫等可使豆科植物的种子被破坏而无法萌芽,从而影响该种植物的繁衍。一些土壤动物也危害农田,如鼹鼠、田鼠等造成农业损失。

土壤动物对环境变化反应敏感,物种组成和生存密度会随着环境的变化而改变。许多研究发现,土壤动物物种组成和生存密度的变化可作为环境监测的手段,如蚯蚓便是放射性污染的指示生物。

土壤动物按生境关系分类,包括栖息于表层死地被物上的动物、栖息于土壤孔隙中的动物、穴居动物三类。

土壤动物按系统分类包括土壤脊椎动物、节肢动物、原生动物等。

(三) 植物根际

根际指的是根系周围、受根系生长影响的土体,一般指距根 1~4mm 的土壤范围。

根系分泌物与土壤肥力、植物营养之间有密切的关系。植物的大部分营养问题都起源于土壤的矿质元素胁迫。无论是养分缺乏胁迫还是元素毒害胁迫,植物的表现都与其所处的根系微生态系统有密切的关系。在植物体出现缺乏某一养分时,植物体可通过自身的调节能力合成专一性根分泌物,并由根分泌到根系土壤中,促进这一养分活化,以提高其在植物中的利用效率从而缓解或克服这种养分的胁迫。在改良土壤、科学栽培作物以及治理水体污染等方面充分利用不同植物根分泌物的分泌特性,获得较好的效果。

近十几年,根际微生态学的研究已获得较大成就。"根际"这一特殊区域成为研究的热点,根系分泌物与根际微生物间关系的研究就是其中的一个重要方向。植物根系分泌物不但对植物产生影响,还会影响到根周围的微生物活动,影响到植物营养元素的有效性,影响到土壤的 pH 值,影响到矿物和岩石的风化。根系分泌物的种类繁多,不同植物的根系分泌物数量也有一定的差异。质子和无机离子是根系分泌物的成分之一,对根际土壤的 pH 值及氧化还原电位有一定的调节作用,影响营养元素在根际的有效性。根系分泌物中的低分子物质种类繁多,主要包括低分子量的糖、氨基酸、有机酸及某些酚类物质。

根系分泌物在农业和环境中的应用主要有以下几方面。一方面,植物生长在土壤中,既要从土壤中摄取营养,又要对土壤产生一定的响应。根分泌物是植物的根对土壤肥力的一种响应,是根对土壤因素的生化适应的产物。根分泌物在一定程度上能够改善根系微生态系统,这主要与根分泌物能与土壤中矿质养分发生酸化、络合反应,还原根系土壤有关。另一方面,根系分泌物具有重要的生物学意义,与连作障碍关系密切,对根系分泌物的研究为克服连作障碍提供了理论基础,对指导农业生产具有重要意义。研究证明,根系分泌物在连作障碍中起到了直接或间接的作用,作物的连作障碍与根分泌物中的化感物质密切相关。此外,在重金属胁迫下,植物根系分泌物的种类和数量会发生显著变化。根系分泌物可通过溶解、螯合、还原等作用活化土壤重金属,提高重金属的有效性;或固定和钝化重金属,降低重金属的移动性。

根系分泌物是植物与外界环境进行物质交流的重要媒介,也是形成植物不同根系微生态环境特征的主要条件之一。研究根系分泌物对于明确和协调植物与环境之间的关系具有重要的理论和实际意义。在根系分泌物的研究过程中,存在着很多的难点,如准确测定根系分泌物的种类和数量,根系微生物对根系分泌物的影响途径,根系分泌物在作物连作障碍中的作用机理及其削减其影响效果的方法等。另外,有关重金属根系胁迫的研究相对较少,关于超量积累植物和重金属富集植物对重金属的富集及其解毒机理、根系作用以及根系微生物群落的生态学特征和生理学特征、根系土壤环境条件对重金属的生物有效性制约机理等一系列基础理论问题目前研究仍不够深入,有待进一步加强。

对重金属在环境中的迁移调控以及土壤重金属污染的原位修复技术的研究,都将具有重要的理论及实际的指导意义。同时,根系分泌物在活化土壤养分、防治病虫害、利用化感作用来消除对植物生长不利的因素等方面具有一定的作用,因此,根系分泌物方面的研究具有十分广阔的应用前景。

三、城市土壤特点

(一)城市土壤剖面结构混乱

城市表层土壤剖面结构混乱,土壤均有土体被翻动的现象,土层排列凌乱,改变了土层次序和土壤组成。

城市土壤组成复杂,城市生产和生活中常产生一些废物,如建筑碎砖块、沥青碎块、混凝土块、砾石、煤渣等。填埋是处理废物的常用方法,填埋的废物和自然土壤发生层的土壤碎块混合在一起,也影响了土壤的渗透性和生物化学功能。

(二)城市土壤物理性质发生变化

由于人为扰动频繁,城市表层土壤理化性质不良,地表紧实,土壤硬度较大,容重较大,孔隙度较小,自然含水率较小,这些性质可能会影响到城市保水、排水能力。

紧实度大是城市土壤的重要特征。城市中由于人口密度大,以及各种机械的频繁使用,土壤密度逐渐增大。特别是公园、道路等人为活动频繁的区域,土壤容重很高,孔隙度很低,在一些紧实的心土或底土层中,孔隙度可降至 20%~30%,有的甚至小于 10%。压实导致土壤结构体被破坏,容重增加,孔隙度降低,紧实度增加,持水量减少。

城市地面硬化造成城市土壤与外界水分、气体交换受到阻碍,使土壤的通透性下降,减少了水分的积蓄,造成土壤中有机质分解减慢,加剧土壤贫瘠化。根系处于透气、营养及水分条件极差的环境中,严重影响了植物根系的生长,园林植物生长衰弱,抗逆性降低,甚至死亡。

(三)城市土壤化学性质发生变化

城市土壤向碱性的方向演变,pH 值比城市周围的自然土壤高。土壤反应多呈中性到弱碱性,弱碱性土不仅降低了土壤中 F、P 等元素的有效性,也抑制土壤中微生物活动及养分分解。

受人为影响,土壤 pH 值相对较高,城市表层土壤与自然土壤相比,呈碱性。某些寺庙内由于土壤中含有石灰及香灰等侵入物,许多树木根部土壤的 pH 值可达 8.5。而某些工业区附近可出现土壤的强酸性反应。

城市土壤有机质养分含量较低,速效磷含量明显高于自然土壤,局部地区磷污染较重。

四、园林植物对盐碱土的适应

(一)盐碱土的概念及分布

一般在气候干燥、地势低洼、地下水位高的地区,水分蒸发会把地下盐分带到土壤表层,这样易造成土壤盐分过多。若土壤中盐类以碳酸钠(Na_2CO_3)和碳酸氢钠($NHCO_3$)为主时,称为碱土;若以氯化钠($NaCl$)和硫酸钠(Na_2SO_4)等为主时,则称其为盐土。因盐土和碱土常混合在一起,盐土中常有一定量的碱土,这种土壤称为盐碱土。

盐碱土是一种退化土壤,严重影响土壤质量。盐碱土质量与生产力水平有密切关系。世界农业都在受土壤盐碱化的影响。

(二)盐碱土对园林植物的影响

1.引起植物生理干旱

盐碱土中含有过多的可溶性盐类,可增加土壤溶液的渗透压,从而引起植物的生理干旱,使植物根系不能从土壤中吸收足够的水分,甚至还会导致水分从根细胞外渗,使植物萎蔫甚至死亡。在高浓度盐类作用下,气孔保卫细胞内的淀粉形成受到阻碍,致使保卫细胞不能关闭,也会使植物干旱枯萎。

2.伤害植物组织

在干旱季节,盐类集聚于表土常会损伤植物胚轴,伤害能力以 Na_2CO_3、K_2CO_3 为最大。在高 pH 值下,盐类还会导致 OH⁻对植物的直接伤害。有的植物体内集聚过多的盐会使原生质受害,蛋白质的合成受到严重阻碍,从而导致含氮中间代谢物的积聚,造成细胞伤害。

3.影响植物吸收营养

由于钠离子的竞争,使植物对 K、P 和其他营养元素的吸收减少,P 的转移也会受到抑制,从而影响植物的营养状况。

4.影响植物生长和发育

当外界盐度超过植物的生长极限盐度时,植物质膜透性、各种生理生化过程和植物营养状况会受到不同程度的伤害,同时,土壤的结构遭到破坏,造成土壤板结、通透性差,最后使植物的生长发育受到不同程度的抑制。

(三)园林植物对盐碱土的适应

园林植物对盐碱土的适应,主要是园林植物对盐土的适应。盐土植物的形态特征是:植物体干而硬;叶子不发达,蒸腾表面缩小,气孔下陷;表皮具有厚的外壁,常具有白色绒毛;细胞间隙缩小,栅栏组织发达;有些具肉质性叶,有特殊的贮水细胞,使同化细胞不致受高浓度盐的伤害。

盐土植物可以分为三类:聚盐性植物、泌盐性植物和不透盐植物。

聚盐性植物又称为真盐生植物,其原生质耐受盐分能力特别强,细胞浓度特别高,能吸收高浓度土壤溶液的水分,如盐角草、碱蓬、滨藜、海蓬子、梭梭草和黑果枸杞。

泌盐性植物又称为耐盐植物,这类植物能把吸收进去的多余盐分,通过茎和叶表面密布的盐腺排出来。泌盐性植物有柽柳、大米草、红树和补血草等。

不透盐植物又称为抗盐植物,细胞对盐类的通透性非常小,它们几乎不吸收或很少吸收土壤中的盐分,同时植物吸收土壤中的水的能力也较高,如蒿属植物、盐地风毛菊等。

(四)盐碱土的改良

1.土壤改良

(1)砌池法

为降低地下水位,控制盐分上返,可修砌绿化池,使池壁高出地面 30cm 左右,池内铺设20cm 左右的炉渣和碎草作为隔离层,再填入良性客土,改变池内土壤结构。此法可满足植物的生长需求,但树池的大小要根据植株的大小和生长量而定,保证植株有宽松的根际环境。

（2）塑料薄膜隔盐法

先挖树穴，然后铺入塑料薄膜与周围土壤隔绝，在底部扎孔眼以渗水，再填入炉渣、碎草作为隔盐层，最后填入良性客土。这一措施可应用于道路绿化等方面。

（3）全面换土法

对于大面积绿化区块，可以向下挖 50~60cm 深，运走原土，填入约 10cm 炉渣和碎草作为隔盐层，然后填入良性客土，略高出原土面 5~10cm，以防流入碱水。此法可广泛应用于各居民小区及游园的绿化。在地下水位较低、地势略高时其效果较好；若地势低注，排水不畅，土壤盐分上返强烈，不宜采用此法。

（4）施加土壤改良剂

土壤改良剂是指用于改良土壤的物理、化学和生物性质，使其更适宜于植物生长，而不是主要提供植物养分的物料。

石膏是首选改良剂，脱硫石膏和磷石膏都对土壤盐碱化有良好的改良效果。脱硫石膏和磷石膏都能有效脱盐和降低土壤碱化度，提高土壤入渗率，改善土壤理化性质。有机肥兼具盐碱土改良和培肥效果。研究证明，有机肥能提高土壤孔隙度和渗透性，降低容重和紧实度，降低全盐含量和 pH 值，不加石膏的情况下，Ca^{2+} 和 SO_4^{2-} 增加，Na^+、CO_3^{2-} 和 HCO_3^- 减少。

要取得理想的改良效果，不仅要选用高效的改良剂和合适的耐盐碱植物，还需要配合正确适时的耕作措施。

（5）渗管排盐

在一些大型绿地中，渗管排盐是绿地改土的常用方法之一，它根据的是盐随水来、盐随水去的水盐运动规律。

铺设暗管把土壤中的盐分随水排走，并将地下水位控制在临界深度以下，以达到土壤脱盐和防止发生盐渍化的目的。渗管的埋设深度、间距、纵坡主要取决于绿地种植的植物种类、土壤结构、地下水位的高低、气候以及附近污水管道的深度等。

2.耕作改良

耕作措施是由盐碱土形成过程推演而来的基本改良方法，同时也必须结合经济、有效的其他改良方式。耕作措施主要是针对盐碱土不良的物理性质。从微观上看，耕作是对土壤颗粒进行重新排列，并不改变土壤内水盐组成。适宜的耕作有利于改善土壤结构、孔隙度等特性。土壤的物理结构是土壤化学性质、微生物和酶活性等一系列特性的基础，改良了土壤的物理特性就把握了土壤改良的大方向，再结合化学改良和生物改良的效果，土壤质量就会逐渐恢复，所以耕作方法至关重要。合理的耕作制度必须适应于当地的气候、土壤、田间管理条件等。

3.适时适地适树

选择适宜本土条件生长的树种,选择适宜的栽种季节,在盐碱地改良技术中是十分重要的。

园林设计中,常采用乔—灌—草的复层结构,充分发挥绿地系统的综合效益。这种多层次的科学搭配可层层覆盖地表,有效减少了地表水分蒸发,抑制了盐分的上移和积累,同时乔—灌—草结构所形成的强大根系,吸收大量水分,起到了降低水位的作用,有效防止了土壤次生盐渍化,形成良好的生态循环。对于土壤条件好,地下水位低的地块可多栽乔木、灌木,尽量少栽草坪,因为气候干旱地区,蒸发量大,草坪喜肥水,管理难度大,投入成本高;对土壤条件差、地下水位高、盐分上返强烈的地块,必须及时栽植草坪,形成地表全面覆盖,再搭配部分乔木、灌木,减少地表水分蒸发,抑制地表盐分积累,从而确保绿化一次成功。另外,经过换土的地块应尽快绿化,避免长时间裸露,造成盐分上返。

五、园林植物对沙土的适应

(一)沙生植物的分布

沙漠化是由不合理的人类活动与脆弱的生态环境相互作用造成的,表现为土地生产力下降、土地资源丧失、地表呈现类似沙漠景观的土地退化。中国沙漠化土地从东北经华北到西北形成一条不连续的弧形分布带,土地沙漠化速率不断加快。

沙生植物分布于亚热带、暖温带、中温带和寒温带,跨越森林草原、典型草原、荒漠草原、荒漠等地带。在处于不同自然地带的沙区,沙生植被存在很大差异。如撒哈拉北部以丰富的藜科植物为特征;在撒哈拉南部,具有坚硬叶子的禾草植物非常多,典型的灌木有金合欢等;墨西哥北部的索诺拉沙漠的主要植物是高大的仙人掌。温带的沙区,要数中亚的沙区中沙生植物最为典型。东部草原地带的固定和半固定沙地,植被主要由中旱生、旱生灌丛构成,草本植物较丰富,常有稀疏的乔木出现,主要植物类型有榆树疏林、小叶锦鸡儿灌丛、臭柏灌丛、油蒿灌丛等。在荒漠地带的固定和半固定沙漠,主要有旱生灌木、超旱生灌木和小半灌木,如红砂、珍珠、沙拐枣等。在流动和半流动沙地一般由沙米、沙竹等草本植物构成不稳定的稀疏植被。

我国沙生植被主要分布在北半部的大陆性干旱和半干旱地区,分布区有塔克拉玛干沙漠、古尔班通古特沙漠、巴丹吉林沙漠、腾格里沙漠、毛乌素沙地、科尔沁沙地、乌兰布和沙漠等。这些地区风大沙多,干燥少雨,光照强烈,温度的年较差和日较差都特别大。

(二)沙生植物的适应特点

沙生植物具有抗风沙、耐沙埋、抗日灼、耐干旱和贫瘠等特征。沙生植物被流沙埋没时，在被埋没的茎上能长出不定芽和不定根。沙生植物根系生长速度极为迅速，根上具有根套。根套是由一层团结的沙粒形成的囊套，保护暴露到沙面上的根免受灼热沙粒灼伤和流沙的机械伤害。

沙生植物具有旱生植物的许多特征，如，地面植被矮，主根长，侧根分布宽，以便获取水分和固沙；植物叶片极端缩小，有的甚至退化；有旱生形态结构与生理特性；叶片呈鳞片状（红柳）或绒毛状（白柠条）；茎枝被白色蜡皮（沙拐枣、白刺）；有的植物叶具贮水细胞；有的植物在叶表皮下有一层没有叶绿素的细胞，可积累脂类物质，能提高植物的抗热性；细胞具高渗透压，使根系主动吸水能力增强，提高了植物的抗旱性。

有的沙生植物在特别干旱时，进入休眠，有些植物以种子或以鳞茎、块茎、根状茎等器官度过漫长的干旱季节，待有水时再恢复生长。

(三)主要沙生植物

白梭梭、梭梭、沙拐枣、花棒、三芒草等被誉为沙漠中的先锋植物。生于固定沙丘上，具有加固沙丘作用的植物，如沙冬青、沙蒿、虫实、旱麦草等，具有极强的抗旱避寒能力，多为多年生短命植物或短命植物。

第四章 水和废水监测

第一节 水质监测方案的制订

一、地表水水质监测

地表水系指地球表面的江、河、湖泊、水库水和海洋水。为了掌握水环境质量状况和水系中污染物浓度的动态变化及其变化规律,需要对全流域或部分流域的水质及向水流域中排污的污染源进行水质监测。世界上许多国家对地表水的水质特性指标采样、测定等过程均有具体的规范化要求,这样可保证监测数据的可比性和有效性。自 2002 年 12 月《地表水和污水监测技术规范》(HJ/T 91—2002)颁布以来,我国加快了水体水质监测工作的规范性和系统性的推进步伐,系列水质采样、监测技术规范等陆续颁布,为各类环境水体的水质监测奠定了技术基础。

二、饮用水水源地水质监测

生活饮用水水源主要有地表水水源和地下水水源。饮用水水源地一经确立,就要设立相应的饮用水水源保护区。生活饮用水水源保护区是指为保证生活饮用水的水质达到国家标准,依照有关规定,在生活饮用水水源周围划定的需特别保护的区域。

为更科学地实施生活饮用水水源地保护,世界上许多国家对地表水的水质特性指标采样、测定等过程均有具体的规范化要求,保证监测数据的可比性和有效性。生活饮用水水源质量必须随时保证安全,应建立连续、可靠的水质监测和水质安全保障系统。条件许可时,还应逐步建立起饮用水水源保护区水质监测、自来水厂水质监测和饮用水管网水质自动监测联网的饮用水水质安全监测网络。

三、水污染源水质监测方案的制订

水污染源指工业废水源、生活污水源等。工业废水包括生产工艺过程用水、机械设备用水、设备与场地洗涤水、工艺冷却水等;生活污水则指人类生活过程中产生的污水,包括住宅、商业、机关、学校和医院等场所排放的生活和卫生清洁等污水。

在制订水污染源监测方案时,同样需要进行资料收集和现场调查研究,了解各污染源排放部门或企业的用水量、产生废水和污水的类型(化学污染废水、生物和生物化学污染废水等)、主要污染物及其排水去向(江、河、湖等水体)和排放总量,调查相应的排污口位置和数量、废水处理情况。

对于工业企业,应事先了解工厂性质、产品和原材料、工艺流程、物料衡算、下水管道的布局、排水规律以及废水中污染物的时间、空间及数量变化等。

对于生活污水,应调查该区域范围内的人口数量及其分布情况、排污单位的性质、用水来源、排污水量及其排污去向等。

(一)采样点的布设原则

1.第一类污染物的采样点设在车间或车间处理设施排放口;第二类污染物的采样点则设在单位的总排放口。

2.工业企业内部监测时,废水的采样点布设与生产工艺有关,通常选择在工厂的总排放口、车间或工段的排放口以及有关工序或设备的排水点。

3.为考察废水或污水处理设备的处理效果,应对该设备的进水、出水同时取样。如为了解处理厂的总处理效果,则应分别采集总进水和总出水的水样。

4.在接纳废水入口后的排水管道或渠道中,采样点应布设在离废水(或支管)入口20～30倍管径的下游处,以保证两股水流的充分混合。

5.生活污水的采样点一般布设在污水总排放口或污水处理厂的排放口处。对医院产生的污水在排放前还要求进行必要的预处理,达标后方可排放。

(二)采样时间和频次

不同类型的废水或污水的性质和排放特点各不相同,无论是工业废水,还是生活污水,其水质都随着时间的变化而不停地发生着改变。因此,废水或污水的采样时间和频次应能反映污染物排放的变化特征且具有较好的代表性。一般情况下,采集时间和采样频次由其生产工艺特点或生产周期所决定。行业不同,生产周期不同;即使行业相同,但采用的生产工艺也可能不同,生产周期仍会不同,可见确定采样时间和频次是比较复杂的问题。在我国的《污水综合排放标准》和《水污染物排放总量监测技术规范》中,对排放废水或污水的采样时间和频次均提出了明确的要求,归纳如下:

1.水质比较稳定的废水(污水)的采样按生产周期确定监测频率,生产周期在 8h 以内的,每 2h 采样一次;生产周期大于 8h 的,每 4h 采集一次;其他污水采集,24h 不少于 2 次。最高允许排放浓度按日平均值计算。

2.废水污染物浓度和废水流量应同步监测,并尽可能实现同步的连续在线监测。

3.不能实现连续监测的排污单位,采样及监测时间、频次应视生产周期和排污规律而定。在实施监测前,增加监测频次(如每个生产周期采集 20 个以上的水样),进行采样时间和最佳采样频次的确定。

4.总量监测使用的自动在线监测仪,应由环境保护主管部门确认的、具有相应资质的环境监测仪器检测机构认可后方可使用,但必须对监测系统进行现场适应性检测。

5.对重点污染源(日排水量 100t 以上的企业)每年至少进行 4 次总量控制监督性监测(一般每个季度一次);一般污染源(日排水量 100t 以下的企业)每年进行 2~4 次(上、下半年各 1~2 次)监督性监测。

四、水生生物监测

水、水生生物和底质组成了一个完整的水环境系统。在天然水域中,生存着大量的水生生物群落,各类水生生物之间以及水生生物与它们赖以生存的水环境之间有着非常密切的关系,既互相依存又互相制约。当饮用水水源受到污染而使其水质改变时,各种不同的水生生物由于对水环境的要求和适应能力不同而产生不同的反应,人们就可以根据水生生物的反应,对水体污染程度做出判断,这已成为饮用水水源保护区不可或缺的水质监测内容。实施饮用水水源地水质生物监测的程序与一般水质监测程序基本相同,在此不再重复。以下重点介绍生物监测采样点布设方法、采样方法等。

(一)生物监测的采样垂线(点)布设

1.在饮用水水源各级保护区布设生物监测采样垂线一般应遵循下列原则:

(1)根据各类水生生物的生长与分布特点,布设采样垂线(点)。

(2)在饮用水水源各级保护区交界处水域,应布设采样垂线(点),并与水质监测采样垂线尽可能一致。

(3)在湖泊(水库)的进出口、岸边水域、开阔水域、海湾水域、纳污水域等代表性水域,应布设采样垂线(点)。

(4)根据实地勘查或调查掌握的信息,确定各代表性水域采样垂线(点)布设的密度与数量。

2.对浮游生物、微生物进行监测时,采样点布设要求如下:

(1)当水深小于3m,水体混合均匀,透光可达到水底层时,在水面下0.5m布设一个采样点。

(2)当水深为3~10m,水体混合较为均匀,透光不能达到水底层时,分别在水面下和底层上0.5m处各布设一个采样点。

(3)当水深大于10m,在透光层或温跃层以上的水层,分别在水面下0.5m和最大透光深度处布设一个采样点,另在水底上0.5m处布设一个采样点。

(4)为了解和掌握水体中浮游生物、微生物的垂向分布,可每隔1.0m水深布设一个采样点。

3.对底栖动物、着生生物和水生维管束植物监测时,在每条采样垂线上应设一个采样点。采集鱼样时,应按鱼的摄食和栖息特点,如肉食性、杂食和草食性、表层和底层等在监测水域范围内采集。

(二)生物监测采样时间和采样频次

在我国各城市选用的饮用水水源不尽相同,对水源保护区采取的生物监测时间和频次会有差异,在此仅介绍一般性原则。

1.采样频次

(1)生物群落监测周期为3~5年1次,在周期监测年度内,监测频次为每季度1次。

(2)水体卫生学项目(如细菌总数、总大肠菌群数、粪大肠菌群数和粪链球菌数等)与水质项目的监测频率相同。

(3)水体初级生产力监测每年不得少于2次。

(4)生物体污染物残留量监测每年1次。

2.采样时间

(1)同一类群的生物样品采集时间(季节、月份)应尽量保持一致。浮游生物样品的采集时间以上午8：00~10：00时为宜。

(2)除特殊情况之外,生物体污染物残留量测定的生物样品应在秋、冬季采集。

五、底质(沉积物)监测

底质又称沉积物。它是由矿物、岩石、土壤的自然侵蚀产物,生物过程的产物,有机质的降解物,污水排出物和河床母质等所形成的混合物,随水流迁移而沉降积累在水体底部的堆积物质的统称。

水、水生生物和底质组成了一个完整的水环境体系。底质中蓄积了各种各样的污染物,能够记录特定水环境的污染历史,反映难以降解的污染物的累积情况。对于全面了解水环境的现状、水环境的污染历史、底质污染对水体的潜在危险,底质监测是水环境监测中不可忽视的重要环节。

(一)资料收集和调查研究

由于水体底部沉积物不断受到水流的搬迁作用,不同河流、河段的底质类型和性质差异很大。在布设采样断面和采样点之前,要重点收集饮用水水源保护区相关的文献资料,也要开展现场的实际探查或勘探工作,具体归纳如下:

1.收集河床母质、河床特征、水文地质以及周围的植被等的相关材料,掌握沉积物的类型和性质。

2.在饮用水水源各级保护区内随机布设探查点,探查底质的构成类型(泥质、砂或砾石)和分布情况,并选择有代表性的探查点,采集表层沉积物样品。

3.在泥质沉积物水域内设置1~2个采样点,采集柱状样品。枯水期可以在河床内靠近岸边30m左右处开挖剖面。通过现场测量和样品分析,了解沉积物垂直分布状况和水域的污染历史。

4.将上述资料绘制成水体沉积物分布图,并标出水质采样断面。

(二)监测点的布设

1.采样断面的布设

底质采样是指采集泥质沉积物。底质采样断面的布设原则与饮用水地表水水源保护区采样断面基本相同,并应尽可能取得一致。其基本原则如下:

(1)底质采样断面应尽可能与地表水水源保护区内的采样断面重合,以便于将底质的组成及其物理化学性质与水质情况进行对比研究。

(2)所设采样断面处于沙砾、卵石或岩石区时,采样断面可根据所绘沉积物分布图,向下游偏移至泥质区;如果水质对照断面所处的位置是沙砾、卵石或岩石区,采样断面应向上游偏移至泥质区。

在此情况下,允许水质与沉积物的采样断面不重合。但是,必须保证所设断面能充分代表给定河段、水源保护区的水环境特征。

2.采样点的布设

(1)底质采样点应尽可能与水质采样点位于同一垂线上。如遇有障碍物,可以适当偏移。若中心点为沙砾或卵石,可只设左、右两点;若左、右两点中有一点或两点都采不到泥质样品,可将采样点向岸边偏移,但必须是在洪、丰水期水面能淹没的地方。

(2)底质未受污染时,由于地质因素的原因,其中也会含有重金属,应在其不受或少受人类活动影响的清洁河段上布设背景值采样点。该背景值采样点应尽可能与水质背景值采样点位于同一垂线上。在考虑不同水文期、不同年度和采样点数的情况下,小样本总数应保证在 30 个以上,大样本总数应保证有 50 个以上,以用于底质背景值的统计估算。

(3)底质采样点应避开河床冲刷、底质沉积不稳定及水草茂盛、表层底质易受搅动之处。

(三) 底质柱状样品采集

由于柱状样品的采样工作困难大,人力、物力和时间的消耗多,所以要求所设的采样点数要少,但必须有代表性,并能反映当地水体污染历史和河床的背景情况。为此,在给定的水域中只设 2~3 个采样点即可。

(四) 采样时间和频次

由于底质比较稳定,受水文、气象条件影响较小,一般每年枯水期采样一次,必要时可在丰水期增加采样一次,采样频次远低于水质监测。

六、供水系统水质监测

供水系统水质监测应该包括自来水公司水质监测和给水管网中水质监测两部分。饮用水出厂水质好并不等于供水范围内的居民就能饮用上质量好的水。以往,人们仅把注意力集中在自来水出厂水的质量上,对给水管网系统中的水质变化问题重视不够。而随着城市的不断发展,城市供水管网不断增加,供水面积越来越大,仅依靠人工定时、定点对供水管网监测点采集水样再送实验室化验的管网水质监测的传统方式已显落后,应逐步建立一套符合国家标准的自动化、实时远程供水管网水质安全监测系统,与已经建立的、严格的水厂制水过程控制系统共同构成完善的、科学的供水水质安全保障体系。

(一) 自来水公司水质监测

自来水公司涉及的水质监测主要是对供水原水、各功能性水处理段以及自来水厂出厂等取水点水质的监测,其一般要求为:在原水取水点,按照国家和地方颁布的饮用水原水标准,自来水公司应对原水进行每小时不少于一次的水质相关指标检验。原水一旦引入水厂,生物监测立即启动,即水厂在原水中专门养殖了一些对水质特别敏感的小鱼和乌龟,一发现生物受到影响,就立即启动快速检验、应急预案,停止在该水源地取原水,并调整供水布局。

当饮用水水源保护区水质受到轻微污染时,应根据饮用水水源水质标准的要求,实施微污染水源水监测方案,简介如下:

1.在取水口采样,按照取水口的每年丰、枯水期各采集水样。

2.对水样进行质量全分析检验,并每月采样检验色度、浊度、细菌总数、大肠菌群数四项指标。

3.一般性化学指标检测。对水源的一般性化学指标进行检测,如 pH 值、总硬度、铜、锌、阴离子合成洗涤剂、硫酸盐、氯化物、溶解性固体等,特别是铁和锰,它们是造成水色度和浊度的重要污染物。

4.毒理学指标检测。对水源中的氟化物、砷、硒、汞、镉、铬(六价)、铅、硝酸盐氮、苯并芘等进行监测,对于有条件的水厂要进行氰化物、氯仿和 DDT 等的检测,以保障饮用水的安全。

(二) 给水管网系统水质监测

随着城市的不断发展,城市供水管网不断增加,供水面积越来越大,引起给水管网系统中水质变化的原因也逐渐增多,归纳起来有:1.在流经配水系统时,在管道中会发生复杂的物理、化学、生物作用而导致水质变化;2.断裂管线造成的污染;3.水在储水设备中停留时间太长,剩余消毒剂消耗殆尽,细菌滋生;4.管道腐蚀和投加消毒剂后形成副产物等,使水的浊度升高。由此可以看出,监测给水管网的水质状况,提高供水水质的安全性是一个实际而又亟待解决的问题。

给水管网系统中的采样点通常应设在下列位置:

1.每一个供水企业在接入管网时的结点处。

2.污染物有可能进入管网的地方。

3.特别选定的用户自来水龙头。在选择龙头时应考虑到与供水企业的距离、需水的程度、管网中不同部分所用的结构材料等因素。

随着城市高层建筑的不断增多,二次供水已成为城市供水的另一主要类型。由于高位水箱易遭受污染,不易清洗,卫生管理上又是薄弱环节,应增设二次供水采样点。采样时间保持与管网末梢水采样同期,每月至少采样 1 次,检测色度、浑浊度、细菌总数、大肠菌群数和余氯 5 项指标,一年两次对二次供水采样点水质进行全分析检测。

由于城市给水管网比较复杂、庞大,通过建立几个有限的监测点人工监测水质变化情况,想实时地、全面地了解整个管网各段的水质情况是非常困难的。可以利用先进的计算机和网络技术,建立监测水质的数学模型,使该模型不仅可以观察监测点处的水质情况,而且还可以根据这些点的有效数据,推测出管网其他各处的水质状况,跟踪给水管网的水质变化,从而评估出给水管网系统的水质状况。

第二节　水样的采集、保存和预处理

一、地表水样的采集

(一) 采样前的准备

1.容器的准备

容器的材质对于水样在贮存期间的稳定性影响很大。容器材质与水样的相互作用有三方面:

(1)容器材质可溶于水样,如从塑料容器溶解下来的有机质和从玻璃容器溶解下来的钠、硅和硼等。

(2)容器材质可吸附水样中某些组分,如玻璃吸附痕量金属,塑料吸附有机质和痕量金属等。

(3)水样与容器直接发生化学反应,如水样中的氟化物与玻璃容器间的反应等。为此,对水样容器及其材质的要求如下:

①容器材质的化学稳定性好,可保证水样的各组成成分在贮存期间不发生变化。

②抗极端温度,抗震性能好,容器大小、形状和质量适宜。

③能严密封口,且容易打开。

④材料易得,成本较低。

⑤容易清洗并可反复使用。

高压低密度聚乙烯塑料和硬质玻璃可满足上述要求。通常塑料容器用于测定金属和其他无机物的监测项目,玻璃容器用于测定有机物和生物等的监测项目。对特殊监测项目用的容器,可选用其他高级化学惰性材料制作。

2.采样器的准备

采样前,选择合适的采样器,先用自来水冲去灰尘和其他杂物,再用酸或其他溶剂洗涤,最后用蒸馏水冲洗干净;如果是铁质采样器,要用洗涤剂彻底消除油污,再用自来水漂洗干净,晾干待用。

3.交通工具的准备

最好有专用的监测船和采样船,如果没有,根据水体和气候选用适当吨位的船只。根据交通条件选用陆上交通工具。

(二)采样方法和采样器(或采水器)

1.采样方法

(1)船只采样:利用船只到指定的地点,按深度要求,把采水器浸入水面下采样。船只采样比较灵活,适用于一般河流和水库的采样,但不容易固定采样地点,往往使数据不具有可比性。同时一定要注意采样人员的安全。

(2)桥梁采样:确定采样断面应考虑交通方便,并应尽量利用现有的桥梁采样。在桥上采样安全、可靠、方便,不受天气和洪水的影响,适合于频繁采样,并能在横向和纵向准确控制采样点位置。

(3)涉水采样:较浅的小河和靠近岸边水浅的采样点可涉水采样,但要避免搅动沉积物而使水样受污染。涉水采样时,采样者应站在下游,向上游方向采集水样。

(4)索道采样:在地形复杂、险要,地处偏僻处的小河流,可架索道采样。

2.采样器

(1)水桶:水桶是塑料的,适于采集表层水。应注意不能混入漂浮于水面上的物质。正式采样前要用水样冲洗水桶2~3次。

(2)单层采水瓶:一个装在金属框内用绳索吊起的玻璃瓶,框底装有铅块,以增加重量,瓶口配塞,以绳索系牢,绳上标有高度,将样瓶降落到预定的深度,然后将细绳上提,把瓶塞打开,水样便充满样瓶。

(3)急流采水器:采集水样时,打开铁框的铁栏,将样瓶用橡皮塞塞紧,再把铁栏扣紧,然后沿船身垂直方向伸入水深处,打开钢管上部橡皮管的夹子,水样便从橡皮塞的长玻璃管流入样瓶中,瓶内空气由短玻璃管沿橡皮管排出。

(4)双层溶解气体采样瓶:将采样器沉入要求水深处后,打开上部的橡胶管夹,水样进入小瓶并将空气驱入大瓶,从连接大瓶短玻璃管的橡胶管排出,直到大瓶中充满水样,提出水面后迅速密封。

(5)其他采水器:如塑料手摇泵、电动采水泵等。

(三)水样的类型

1.瞬时水样

瞬时水样指在某一时间和地点从水体中随机采集的分散水样。当水体水质稳定,或其组分在相当长的时间或相当大的空间范围内变化不大时,瞬时水样具有很好的代表性;当水体组分及含量随时间和空间变化时,就应隔时、多点采集瞬时水样,分别进行分析,摸清水质的变化规律。

2.混合水样

在同一采样点于不同时间所采集的瞬时水样的混合水样,有时称"时间混合水样"。这种水样在观察平均浓度时非常有用,但不适用于被测组分在贮存过程中发生明显变化的水样。

3.综合水样

把不同采样点同时采集的各个瞬时水样混合后所得到的样品称综合水样。这种水样在某些情况下更具有实际意义。例如,当为几条废水河、渠建立综合处理厂时,以综合水样水质参数作为设计的依据更为合理。

二、废水样品的采集

(一)采样方法

1.浅水采样

可用容器直接采集,或用聚乙烯塑料长把勺采集。

2.深层水采样

可使用专用的深层采水器采集,也可将聚乙烯筒固定在重架上,沉入要求深度采集。

3.自动采样

采用自动采样器或连续自动定时采样器采集。

(二)废水样类型

1.瞬时废水样

对于生产工艺连续、稳定的工厂,所排放废水中的污染组分及浓度变化不大,瞬时废水样具有较好的代表性。对于某些特殊情况,如废水中污染物质的平均浓度合格,而高峰排放浓度超标,这时也可间隔适当时间采集瞬时废水样,并分别测定,将结果绘制成浓度—时间关系曲线,以得知高峰排放时污染物质的浓度,同时也可计算出平均浓度。

2.平均废水样

由于工业废水的排放量和污染组分的浓度往往随时间起伏较大,为使监测结果具有代表性,需要增大采样和测定频率。

(1)平均混合水样:每隔相同时间采集等量废水样混合而成的水样,适于废水流量比较稳定的情况。

(2)平均比例混合水样:指在废水流量不稳定情况下,在不同时间依照流量大小按比例采集的混合水样。

有时需要同时采集几个排污口的废水样,并按比例混合,其监测结果代表采样时的综合排放浓度。

(三)采样的安全防护

在下水道、污水池、污水处理厂和污水泵站等部位采样时,必须注意下述危险。

1.污水管道系统中爆炸性气体混合可能引起爆炸的危险。

2.由毒性气体如硫化氢、一氧化碳等引起的中毒危险。

3.由缺氧引起的窒息危险。

4.致病生物引起的染病危险。

5.登梯等所造成的摔伤危险。

6.溺水的危险。

7.掉物砸伤的危险。

针对上述危险,应采取措施,配置相应的设备和仪器,避免危险的发生。

三、地下水样的采用

地下水的水质比较稳定,一般采集瞬时水样,即能有较好的代表性。

1.从监测井中采集水样常利用抽水机设备。

2.对于自喷泉水,可在涌水口处直接采样。

3.对于自来水,也要先将水龙头完全打开,放水数分钟,排出管道中积存的死水后再采样。

四、底质(沉积物)样品的采集

水、底质和水生生物组成了一个完整的水环境系统。底质的污染,是由于工厂、矿山等排放的废弃物,以及大气中污染物的沉降和蓄积而引起的,这些污染物质通过农作物和底栖生物对人体健康产生有害影响。水质监测所得的数据只能代表采样时那一短暂期内的水质状况,而对一些间隔的时间较长、不连续排放的污染物质,取样时不一定能够采集到,因此有必要进行水体底部沉积底泥的测定。底质的分析,有助于了解水体在过去较长的一段时间内,都有哪些污染物质,它们被富集的程度怎样,这些污染物对水体将会产生怎样的危害。所以测定底质,是了解水体的一种有效手段。水体沉积过程,也就是污染物的运动过程,有着一定的规律。在同一条河,不同的河段有不同的沉积过程,上游以冲刷为主,平缓的下游以沉积为主,在不同的季节亦然,丰水期沉淀的物质粗,枯水期物质细,沉积物分层,越靠下面的层年代越久,色越深,因此监测下部的沉积物有哪些物质,就可以知道过去污染的情况。而且,一年形成一层,就可以采集各层沉积物,进行分层化验,了解污染的历史,这不仅有助于评价水质污染程度,而且可根据水文学等特点,预测未来发展趋势。

底质样品的采集监测是水环境监测的重要组成部分。底质对水质、水生生物有着明显的影响。底质监测数据是判断天然水是否被污染及污染程度的重要标志。

底质监测断面的设置原则与水质监测断面相同,其位置应尽可能与水质监测断面相重合。由于底质比较稳定,受水文、气象条件影响较小,故采样频率远较水样低,可在枯水期采样1次,必要时在丰水期增采1次,采集量视监测项目、目的而定,一般为1~2kg。采集表层底质样品一般采用挖式(抓式)采样器或锥式采样器。前者适用于采样量较大的情况,后者适用于采样量少的情况。管式泥芯采样器用于采集柱状样品,以供监测底质中污染物质的垂直分布情况。

五、流量的测定

在采集水样的同时,还需要测量水体的水位(m)、流速(m/s)、流量(m^2/s)等水文参数。对于较大的河流,水文部门一般设有水文监测断面,应尽量利用其所测参数。

(一)流速仪法

对于水深大于 0.05m,流速大于 0.015m/s 的河、渠,可用流速仪测定水流速度,然后按下式计算流量。

$$Q = \bar{v} \cdot S \qquad (4-1)$$

(二)浮标法

浮标法是一种粗略测量流速的简易方法。测量时,选择一平直河段,测量该河段两间距内水流横断面的面积,求出平均横断面面积。在上游投入浮标,测量浮标流经确定河段(L)所需时间,重复测量几次,求出所需时间的平均值(t),即可计算出流速(L/t),再按下式计算流量:

$$Q = 60\bar{v} \cdot S \qquad (4-2)$$

(三)堰板法

这种方法适用于不规则的污水沟、污水渠中水流量的测量。该方法是用三角形或矩形、梯形堰板拦住水流,形成溢流堰,测量堰板前后水头和水位,计算流量。

$$Q = Kh^{5/2} \qquad (4-3)$$

$$K = 1.354 + \frac{0.004}{h} + \left(0.14 + \frac{0.2}{\sqrt{D}}\right)\left(\frac{h}{B} - 0.09\right)^2 \qquad (4-4)$$

(四)其他方法

用容积法测定污水流量也是一种简便方法。即将污水导入已知容积的容器或污水池、污水箱中,测量流满容器或池、箱的时间,然后用其除受纳容器的体积便可求知流量。

现已生产多种规格的污水流量计,测定流量简便、准确。

六、水样的运输和保存

(一)水样的运输管理

采集的水样,除供一部分监测项目在现场测定使用外,大部分水样要运到实验室进行分析测试。在水样运输和实验管理过程中,为继续保证水样的完整性、代表性,使之不受污染、损坏和丢失,必须遵守各项保证措施。

1.采样记录和样品登记

采样时填写好采样记录,采样完成,加好保存剂后要填写样品标签。在样品瓶壁贴上已填好的标签,与采样记录核对后,应即刻填写样品登记表一式三份,登记表的内容与标签相同。

2.水样运输注意事项

(1)根据采样记录和样品登记表清点样品,防止搞错。

(2)塑料容器要塞紧内塞,旋紧外盖。

(3)玻璃瓶要塞紧磨口塞,然后用细绳将瓶塞与瓶颈拴紧;或用封口胶、石蜡封口(测油类水样除外)。

(4)为防止样品在运输过程中因震动、碰撞而导致损失或玷污,最好将样品装箱运送。装运箱和盖要用聚合泡沫塑料或瓦楞纸板做衬里和隔板。样品按顺序装入箱内,加盖前要垫一层塑料膜,再在上面放泡沫塑料或干净的纸条使盖能压住样品瓶。

(5)须冷藏的样品,应配备专门的隔热容器,放入制冷剂,样品瓶置于其中保存。

(6)冬季应采取保温措施,以免冻裂样品瓶。

样品运输时必须由专人押运。样品交实验室分析时,接收者与送样者双方应在样品登记表上签名,以示负责。送样单和采样记录应由双方各保存一份待查。

(二)水样的保存

一般常规监测中广泛使用聚乙烯和硼硅玻璃材质的容器来贮存水样。

不能及时运输或尽快分析的水样,则应根据不同监测项目的要求,采取适宜的保存方法。水样的运输时间不得超过24h。

最大贮存时间一般是:清洁水样为72h,轻污染水样为48h,严重污染水样为12h。保存水样的方法有以下几种:

1.冷藏

水样冷藏温度一般要低于采样时的温度。水样采集后,应立即投入冰箱或冰水浴中并置于暗处。冷藏温度一般是 2~5℃。冷藏不能长期保存水样。

2.冷冻

为了延长保存期限,抑制微生物活动,减缓物理挥发和化学反应速率,可采用冷冻保存。冷冻温度在-20℃。但要特别注意冷冻过程和解冻过程中,不同状态的变化会引起水质的变化。为防止冷冻过程中水的膨胀,无论使用玻璃容器还是塑料容器都不能将水样充满整个容器。

3.加入保存剂

(1)加入生物抑制剂:如在测定氨氮、硝酸盐氮、化学需氧量的水样中加入 $HgCl_2$,可抑制生物的氧化还原作用。

(2)调节 pH 值:如用 HNO_3 将测定金属离子的水样酸化至 pH 值为 1~2,既可防止重金属离子水解沉淀,又可避免金属被器壁吸附。

(3)加入氧化剂或还原剂:如测定汞的水样须加入 HNO_3(至 pH 值小于 1)和 $K_2Cr_2O_7$(0.05%),使汞保持高价态;测定溶解氧的水样则须加入少量硫酸锰和碘化钾固定溶解氧等。

应当注意,加入的保存剂不能干扰以后的测定;保存剂的纯度最好是优级纯度;还应做相应的空白试验,对测定结果进行校正。

(三)水样的过滤或离心分离

如果要测定组分的全量,采样后立即加入保护剂,分析测定时应充分摇匀后取样。用适当孔径的滤器可以有效地除去藻类和细菌,滤后的样品稳定性更好。一般地说,可用澄清、离心、过滤等措施来分离悬浮物。国内外已采用以水样是否能够通过孔径为 0.45μm 滤膜作为区分可过滤态与不可过滤悬浮态的条件,能够通过 0.45μm 微孔滤膜的部分称为"可过滤态"部分,通不过的称为"不可过滤态"部分。采用澄清后取上清液及用中速定量滤纸、砂芯漏斗、离心等方式处理样品,相互间可比性不大,它们阻留悬浮物颗粒的能力大体为滤膜>离心>滤纸>砂芯漏斗。要测定可过滤态部分,就应在采样后立即用 0.45μm 的微孔滤膜过滤。在暂时没有 0.45μm 微孔滤膜的情况下,泥沙型水样可用离心等方法处理;含有机质多的水样可用滤纸(或砂芯漏斗)过滤;采用自然沉降取上清液测定可过滤态则是不恰当的。

七、水样的预处理

环境水样的组成是相当复杂的,并且多数污染组分含量低,存在形态各异,所以在分析测定之前,需要进行适当的预处理,以得到欲测组分适于测定方法要求的形态、浓度和消除共存组分干扰的试样体系。下面介绍主要预处理方法。

(一)水样的消解

当测定含有机物水样中的无机元素时,须进行消解处理。消解处理的目的是破坏有机物,溶解悬浮性固体,将各种价态的欲测元素氧化成单一高价态或转变成易于分离的无机化合物。

消解后的水样应清澈、透明、无沉淀。消解水样的方法有湿式消解法和干式分解法(干灰化法)。

1.湿式消解法

(1)硝酸消解法。对于较清洁的水样,可用硝酸消解。其方法要点是:取混匀的水样 50～200mL 于烧杯中,加入 5～10mL 浓硝酸,在电热板上加热煮沸,蒸发至小体积,试液应清澈透明,呈浅色或无色;否则,应补加硝酸继续消解。蒸至近干,取下烧杯,稍冷后加 2%HNO₃ (或 HCl)20mL,温热溶解可溶盐。若有沉淀,应过滤,滤液冷至室温后于 50mL 容量瓶中定容,备用。

(2)硝酸-高氯酸消解法。这两种酸都是强氧化性酸,联合使用可消解含难氧化有机物的水样。方法要点是:取适量水样于烧杯或锥形瓶中,加 5～10mL 硝酸,在电热板上加热,消解至大部分有机物被分解。取下烧杯,稍冷,加 2～5mL 高氯酸,继续加热至开始冒白烟,如试液呈深色,再补加硝酸,继续加热至浓厚白烟将尽(不可蒸至干涸)。取下烧杯冷却,用 2%HNO₃ 溶解,如有沉淀,应过滤,滤液冷至室温定容备用。因为高氯酸能与羟基化合物反应生成不稳定的高氯酸酯,有发生爆炸的危险,故先加入硝酸氧化水样中的羟基化合物,稍冷后再加高氯酸处理。

(3)硝酸-硫酸消解法。这两种酸都有较强的氧化能力,其中硝酸沸点低,而硫酸沸点高,二者结合使用,可提高消解温度和消解效果。常用的硝酸与硫酸的比例为 5∶2。消解时,先将硝酸加入水样中,加热蒸发至小体积,稍冷,再加入硫酸、硝酸,继续加热蒸发至冒大量白烟,冷却,加适量水,温热溶解可溶盐,若有沉淀,应过滤。为提高消解效果,常加入少量过氧化氢。该方法不适用于处理测定易生成难溶硫酸盐组分(如铅、钡、锶)的水样。

(4)硫酸磷酸消解法。这两种酸的沸点都比较高,其中,硫酸氧化性较强,磷酸能与一些金属离子如 Fe³⁺ 等络合,故二者结合消解水样,有利于测定时消除 Fe³⁺ 等离子的干扰。

(5)硫酸-高锰酸钾消解法。该方法常用于消解测定汞的水样。高锰酸钾是强氧化剂,在中性、碱性、酸性条件下都可以氧化有机物,其氧化产物多为草酸根,但在酸性介质中还可继续氧化。消解要点是:取适量水样,加适量硫酸和 5%高锰酸钾,混匀后加热煮沸,冷却,滴加盐酸羟胺溶液破坏过量的高锰酸钾。

(6)多元消解方法。为提高消解效果,在某些情况下需要采用三元以上酸或氧化剂消解体系。例如,处理测定总铬的水样时,用硫酸、磷酸和高锰酸钾消解。

(7)碱分解法。当用酸体系消解水样造成易挥发组分损失时,可改用碱分解法,即在水样中加入氢氧化钠和过氧化氢溶液,或者氨水和过氧化氢溶液,加热煮沸至近干,用水或稀碱溶液温热溶解。

2.干灰化法

干灰化法又称高温分解法。其处理过程是:取适量水样于白瓷或石英蒸发皿中,置于水浴上蒸干,移入马弗炉内,于450~550℃灼烧至残渣呈灰白色,使有机物完全分解除去。取出蒸发皿,冷却,用适量2%HNO_3(或HCl)溶解样品灰分,过滤,滤液定容后供测定。本方法不适用于处理测定易挥发组分(如砷、汞、镉、硒、锡等)的水样。

(二)富集与分离

当水样中的欲测组分含量低于分析方法的检测限时,就必须进行富集或浓缩;当有共存干扰组分时,就必须采取分离或掩蔽措施。富集和分离往往是不可分割、同时进行的。常用的方法有过滤、挥发、蒸馏、溶剂萃取、离子交换、吸附、共沉淀、层析、低温浓缩等,要结合具体情况选择使用。

(1)挥发分离法和蒸发浓缩法

挥发分离法是利用某些污染组分挥发度大,或者将欲测组分转变成易挥发物质,然后用惰性气体带出而达到分离的目的。例如,用冷原子荧光法测定水样中的汞时,先将汞离子用氯化亚锡还原为原子态汞,再利用汞易挥发的性质,通入惰性气体将其带出并送入仪器测定;用分光光度法测定水中的硫化物时,先使之在磷酸介质中生成硫化氢,再用惰性气体载入乙酸锌-乙酸钠溶液吸收,从而达到与母液分离的目的。

蒸发浓缩是指在电热板上或水浴中加热水样,使水分缓慢蒸发,达到缩小水样体积、浓缩欲测组分的目的。该方法无须化学处理,简便易行,尽管存在缓慢、易吸附损失等缺点,但在无更适宜的富集方法时仍可采用。据有关资料介绍,用这种方法浓缩饮用水样,可使铬、锂、钴、铜、锰、铅、铁和钡的浓度提高30倍。

(2)蒸馏法

蒸馏法是利用水样中各污染组分具有不同的沸点而使其彼此分离的方法。测定水样中的挥发酚、氰化物、氟化物时,均需先在酸性介质中进行预蒸馏分离。在此,蒸馏具有消解、富集和分离三种作用。

氟化物可用直接蒸馏装置,也可用水蒸气蒸馏装置;后者虽然对控温要求较严格,但排除干扰效果好,不易发生暴沸,使用较安全。测定水中的氨氮时,需在微碱性介质中进行预蒸馏分离。

(3)溶剂萃取法

有机化合物的测定多采用此法进行预处理。溶剂萃取法是基于物质在不同的溶剂相中

分配系数不同,从而达到组分的富集与分离目的。萃取有以下两种类型:

①有机物质的萃取。分散在水相中的有机物质易被有机溶剂萃取,利用此原理可以富集分散在水样中的有机污染物质。例如,用4-氨基安替比林分光光度法测定水样中的挥发酚时,当酚含量低于 0.05mg/L,则水样经蒸馏分离后需再用三氯甲烷进行萃取浓缩;用紫外光度法测定水中的油和用气相色谱法测定有机农药时,需先用石油醚萃取等。

②无机物的萃取。由于有机溶剂只能萃取水相中以非离子状态存在的物质(主要是有机物质),而多数无机物质在水相中以水合离子状态存在,故无法用有机溶剂直接萃取。为实现用有机溶剂萃取,需先加入一种试剂,使其与水相中的离子态组分相结合,生成一种不带电、易溶于有机溶剂的物质,即将无机物质由亲水性物质变成疏水性物质。该试剂与有机相、水相共同构成萃取体系。根据生成可萃取物类型的不同,可分为螯合物萃取体系、离子缔合物萃取体系、三元络合物萃取体系和协同萃取体系等。水质监测中,双硫腙比色法测定水样中的 Cd^{2+}、Hg^{2+}、Pb^{2+}、Zn^{2+} 等用的就是螯合物萃取体系;氟试剂比色法测定氟化物时,用的就是三元络合物萃取体系。

此外,实验室常用的离子交换、共沉淀分离、活性炭吸附、干灰化等分离、浓缩样品处理技术也广泛应用于样品的预处理中。

第三节　无机污染物的测定

一、金属及其化合物的测定

水体中的金属元素有些是人体健康必需的常量元素和微量元素,有些是有害于人体健康的,如汞、镉、铅、铜、锌、镍、钡、钒、砷等。受"三废"污染的地表水和工业废水中有害金属化合物的含量往往较多。

有害金属侵入人的肌体后,将会使某些酶失去活性而出现不同程度的中毒症状。其毒性大小与金属种类、理化性质、浓度及存在的价态有关。例如,汞、铅、镉、铬及其化合物是对人体健康产生长远影响的有害金属;汞、铅、砷、锡等金属的有机化合物比相应的无机化合物毒性要强得多;可溶性金属要比颗粒态金属毒性大;六价铬比三价铬毒性大等。

由于金属以不同形态存在时其毒性大小不同,所以可以分别测定可过滤金属、不可过滤金属和金属总量。可过滤态指能通过孔径 0.45μm 微孔滤膜的部分;不可过滤态指不能通过 0.45μm 微孔滤膜的部分;金属总量是不经过滤的水样经消解后测得的金属含量,应是可过滤金属与不可过滤金属之和。

测定水体中金属元素广泛采用的方法有分光光度法、原子吸收分光光度法、阳极溶出伏安法及容量法,尤以前两种方法用得较多;容量法用于常量金属的测定。

(一) 汞的测定

汞及其化合物都有毒,无机盐中以氯化汞毒性最大,有机汞中以甲基汞、乙基汞毒性最大。汞是唯一一个常温下呈液态的金属,具有较高的蒸气压而容易挥发,汞蒸气可由呼吸道进入人体,液体汞亦可为皮肤吸收,汞盐可以粉尘状态经呼吸道或消化道进入人体,食用被汞污染的食物,可造成危险的慢性汞中毒。水中微量汞可经食物链作用而成百万倍地富集,工业废水的无机汞可与其他无机离子反应,形成沉积物沉于江河湖泊的底部,与有机分子形成可溶性有机络合物。结果使汞能够在这些水体中迅速扩散,通过水中的厌氧微生物作用,使汞转化为甲基汞,从而增加了汞的脂溶性,且非常容易在鱼、虾、贝类等体内蓄积,人们食用它们从而引起"水保病"。该病消化道症状不明显,主要为神经系统症状,重者可有刺痛异样感,动作失调、语言障碍、耳聋、视力模糊,以致精神紊乱、痴呆,死亡率可达 40%,且可造成幼儿先天性汞中毒。

天然水含汞极少,水中汞本底浓度一般不超过 0.1ppb。由于沉积作用,底泥中的汞含量会大一些,本底汞的高低与环境地理地质条件有关。我国规定生活饮用水的含汞量不得高于 0.001mg/L,工业废水中汞的最高允许排放浓度为 0.05mg/L,这是所有的排放标准中最严的。地表水汞污染的主要来源是贵金属冶炼、食盐电解制钠、仪表制造、农药、军工、造纸、氯碱工业、电池生产、医院等工业排放的废水。

(二) 镉的测定

镉是毒性较大的金属之一。镉在天然水中的含量通常小于 0.01mg/L,低于饮用水的水质标准;天然海水中更低,因为镉主要在悬浮颗粒和底部沉积物中;水中镉的浓度很低,欲了解镉的污染情况,需对底泥进行测定。

镉污染不易分解和自然消化,在自然界中是积累的。废水中的可溶性镉被土壤吸收,形成土壤污染,土壤中可溶性镉又容易被植物吸收,造成食物中镉含量增加,人们食用这些食品后,镉也随之进入人体,分布到全身各器官,主要贮积在肝、肾、胰和甲状腺中;镉也随尿排出,但持续时间长。

镉污染会产生协同作用,加剧其他污染物的毒性。我国规定,镉及其无机化合物,工厂最高允许排放浓度为 0.1mg/L,并不得用稀释的方法代替必要的处理。镉污染主要来源于以

下几方面:

1.金属矿的开采和冶炼。镉属于稀有金属,天然矿物中镉与锌、铅、铜等共存,因此在矿石的浮选、冶炼、精炼等过程中会排出含镉废水。

2.化学工业中制造涤纶、涂料、塑料、试剂等的工厂企业在某些生产过程中使用镉或镉制品作为原料或催化剂从而产生含镉废水。

3.生产轴承、弹簧、电光器械和金属制品等机械工业与电器、电镀、印染、农药、陶瓷、蓄电池、光电池、原子能工业部门排出的废水亦含有不同程度的镉。

(三)铅的测定

铅的污染主要来自铅矿的开采、含铅金属冶炼、橡胶生产,含铅油漆颜料的生产和使用,蓄电池厂的熔铅和制粉,印刷业的铅版、铅字的浇铸,电缆及铅管的制造,陶瓷的配釉,铅质玻璃的配料以及焊锡等工业排放的废水。汽车尾气排出的铅随降水进入地表水中,亦造成铅的污染。

铅通过消化道进入人体后,即积蓄于骨髓、肝、肾、脾、大脑等处,形成所谓"贮存库",以后慢慢从中放出,通过血液扩散到全身并进入骨骼,引起严重的累积性中毒。世界上地表水中,天然铅的平均值大约是 $0.5\mu g/L$,地下水中铅的浓度在 $1 \sim 60\mu g/L$ 之间。当铅浓度达到 $0.1mg/L$ 时,可抑制水体的自净作用。铅进入水体中与其他重金属一样,一部分被水生生物浓集于体内,另一部分则随悬浮物絮凝沉淀于底质中,甚至在微生物的参与下可能转化为四甲基铅。铅不能被生物代谢所分解,在环境中属于持久性的污染物。

测定铅的方法有双硫腙比色法、原子吸收分光光度法、示波极谱法等。测定时,要特别注意器皿、试剂及去离子水是否含痕量铅,这是能否获得准确结果的关键。所用氰化物毒性极大,在操作中一定要在碱性溶液中进行,严防接触手上破皮之处。Bi^{3+}、Sn^{2+} 等干扰测定,可预先在 pH 值为 $2 \sim 3$ 时用双硫腙三氯甲烷溶液萃取分离。

为防止双硫腙被一些氧化物质如 F^{3+} 等氧化,应在氨性介质中加入盐酸羟胺和亚硫酸钠。

(四)铜的测定

铜是人体所必需的微量元素,缺铜会发生贫血、腹泻等病症,但过量摄入铜亦会产生危害。铜对水生生物的危害较大,有人认为铜对鱼类的毒性浓度始于 $0.002mg/L$,但一般认为水体含铜 $0.01mg/L$ 对鱼类是安全的。铜对水生生物的毒性与其形态有关,游离铜离子的毒性比配合态铜大得多。

世界范围内,淡水平均含铜 3μg/L,海水平均含铜 0.25μg/L。铜的主要污染源是电镀、冶炼、五金加工、矿山开采、石油化工和化学工业等部门排放的废水。

测定水中铜的方法主要有原子吸收分光光度法、二乙基二硫代氨基甲酸钠分光光度法和新亚铜灵萃取分光光度法,还可以用阳极溶出伏安法等。

(五) 锌的测定

锌也是人体必不可少的有益元素,每升水含数毫克锌对人和温血动物无害,但对鱼类和其他水生生物影响较大。锌对鱼类的安全浓度为 0.1mg/L。此外,锌对水体的自净过程有一定抑制作用。锌的主要污染源是电镀、冶金、颜料及化工等部门排放的废水。原子吸收分光光度法测定锌,灵敏度较高,干扰少,适用于各种水体。此外,还可选用双硫腙分光光度法、阳极溶出伏安法等。

在 pH 值为 4.0~5.5 的乙酸缓冲介质中,锌离子与双硫腙反应生成红色整合物,用四氯化碳或三氯甲烷萃取后,于其最大吸收波长 535nm 处,以四氯化碳做参比,测其经空白校正后的吸光度,用标准曲线法定量。水中存在的少量铋、镉、钴、汞、镍、亚锡等离子均产生干扰,采用硫代硫酸钠掩蔽和控制 pH 值来消除。这种方法称为混色测定法。如果上述干扰离子含量较大,混色法测定误差大,就需要使用单色法测定。单色法与混色法不同之处在于:将萃取有色整合物后的有机相先用硫代硫酸钠–乙酸钠–硝酸混合液洗涤除去部分干扰离子,再用新配制的 0.04%硫化钠洗去过量的双硫腙。

使用该方法时应确保样品不被污损。为此,必须使用无锌玻璃器皿并充分洗净,对试剂进行提纯和使用无锌水。

使用 20mm 比色皿,混色法的最低检测浓度为 0.005mg/L。该方法适用于天然水和轻度污染的地表水中锌的测定。

二、非金属无机物的测定

(一) pH 值的测定

pH 值是溶液中氢离子活度的负对数。

pH 值是最常用的水质指标之一。天然水的 pH 值多在 6~9 范围内;饮用水 pH 值要求在 6.5~8.5;某些工业用水的 pH 值必须保持在 7.0~8.5,以防止金属设备和管道被腐蚀。此外,pH 值在废水生化处理、评价有毒物质的毒性等方面也具有指导意义。

水体的酸污染主要来自冶金、搪瓷、电镀、轧钢、金属加工等工业的酸洗工序和人造纤维、酸法造纸排出的废水等。碱污染主要来源于碱法造纸、化学纤维、制碱、制革、炼油等工业废水。

测定水的 pH 值的方法有比色法和玻璃电极法。

比色法基于各种酸碱指示剂在不同 pH 值的水溶液显示不同的颜色,而每种指示剂都有一定的变色范围。该方法不适用于有色、浑浊或含较高游离氯、氧化剂、还原剂的水样。如果粗略地测定水样 pH 值,可使用 pH 试纸。

玻璃电极法测定 pH 值是以 pH 玻璃电极为指示电极,饱和甘汞电极为参比电极,并将二者与被测溶液组成原电池。

(二) 溶解氧的测定

溶解氧就是指溶解于水中分子状态的氧,即水中的 O_2,以 DO 表示。溶解氧是水生生物生存不可缺少的条件。溶解氧的一个来源是水中溶解氧未饱和时,大气中的氧气向水体渗入,另一个来源是水中植物通过光合作用释放出的氧。溶解氧随着温度、气压、盐分的变化而变化,一般说来,温度越高,溶解的盐分越大,水中的溶解氧越低;气压越高,水中的溶解氧越高。溶解氧除了被水中硫化物、亚硝酸根、亚铁离子等还原性物质所消耗外,也被水中微生物的呼吸作用以及水中有机物质被好氧微生物氧化分解所消耗。所以说溶解氧是水体自净能力的指标。

天然水中溶解氧近于饱和值(9ppm),藻类繁殖旺盛时,溶解氧呈过饱和。水体受有机物及还原性物质污染可使溶解氧降低,当 DO 值小于 4.5ppm 时,鱼类生活困难。当溶解氧消耗速率大于氧气向水体中溶入的速率时,DO 值可趋近于 0,厌氧菌得以繁殖使水体恶化。所以溶解氧的高低,反映出水体受到污染,特别是有机物污染的程度,它是水体污染程度的重要指标,也是衡量水质的综合指标。

第四节 有机污染综合指标的测定

一、化学需氧量的测定

化学需氧量是指水样在一定条件下,氧化 1L 水样中还原性物质所消耗的氧化剂的量,以氧的 mg/L 表示。水中还原性物质包括有机物和亚硝酸盐、硫化物、亚铁盐等无机物。化学需氧量反映了水中受还原性物质污染的程度。基于水体被有机物污染是很普遍的现象,该指标也作为有机物相对含量的综合指标之一。

化学需氧量的测量方法有重铬酸钾法和库仑滴定法。

(一)重铬酸钾法

在强酸性溶液中,用重铬酸钾氧化水样中的还原性物质,过量的重铬酸钾以试亚铁灵做指示剂,用硫酸亚铁标准溶液回滴,根据其用量计算水样中还原性物质所消耗氧的量。反应过程如下:

$$Cr_2O_7^{2-} + 14H^+ + 6e \rightarrow 2Cr^{3+} + 7H_2O \qquad (4-5)$$

$$Cr_2O_7^{2-} + 14H^+ + 6Fe^{2+} \rightarrow 6Fe^{3+} + 2Cr^{3+} + 7H_2O \qquad (4-6)$$

重铬酸钾氧化性很强,可将大部分有机物氧化,但吡啶不被氧化,芳香族有机物不易被氧化;挥发性直链脂肪族化合物、苯等存在于蒸气相,不能与氧化剂液体接触,氧化不明显。氯离子能被重铬酸钾氧化,并与硫酸银作用生成沉淀,可加入适量 $HgSO_4$ 消除。

(二)库仑滴定法

库仑滴定法采用 $K_2Cr_2O_7$ 为氧化剂,库仑式 COD 测定仪具有简单的数据处理装置,最后显示的数值为 COD 值。此法简便、快速,试剂用量少,简化了用标准溶液进行标定的手续,缩短了消化时间,氧化率与重铬酸钾法基本一致,应用范围比较广泛,可用于地表水和污水COD 值的测定。

二、高锰酸盐指数的测定

高锰酸盐指数是指在一定条件下,以高锰酸钾为氧化剂,氧化水样中的还原性物质,所消耗的量以氧的 g/L 来表示。国际标准化组织(ISO)建议高锰酸盐指数仅限于测定地表水、饮用水和生活污水。

高锰酸盐指数的测定,操作简便,所需时间短,在一定程度上可以说明水体受有机物污染的情况,常被用于测定污染较轻的水样。按测定溶液的介质不同,分为酸性高锰酸钾法和碱性高锰酸钾法。当 Cl^- 含量高于 300mg/L 时,应采用碱性高锰酸钾法,因为在碱性条件下高锰酸钾的氧化能力比较弱,此时不能氧化水中的 Cl^-,故常用于测定含 Cl^- 浓度的水样。对于清洁的地表水和被污染的水体中 Cl^- 含量不高的水样,通常采用酸性高锰酸钾法,当高锰酸盐指数超过 5mg/L 时,应少取水样并经稀释后再测定。

碱性高锰酸钾法的原理是:在碱性溶液中,加一定量高锰酸钾溶液于水样中,加热一定时间以氧化水中的还原性无机物和部分有机物。加酸酸化后,用过量草酸钠溶液还原剩余的高锰酸钾,再以高锰酸钾溶液滴定至微红色。

化学需氧量(BOD)和高锰酸盐指数是采用不同的氧化剂在各自的氧化条件下测定的,难以找出明显的相关关系。一般来说,重铬酸钾法的氧化率可达90%,而高锰酸钾法的氧化率为50%左右,两者均未完全氧化,因而都只是一个相对参考数据。

三、生化需氧量(BOD)的测定

生化需氧量是指在有溶解氧的条件下,好氧微生物在分解水中有机物的生物化学氧化过程中所消耗的溶解氧量。同时亦包括如硫化物、亚铁等还原性无机物质氧化所消耗的氧量,但这部分通常占很小比例。

从以上定义可以看到,水体要发生生物化学过程必须具备三个条件:①好氧微生物;②足够的溶解氧;③能被微生物利用的营养物质。

大量研究表明,有机物在好氧微生物的作用下分解大致分成两个阶段进行。第一阶段主要氧化分解碳水化合物及脂肪等一些易被氧化分解的有机物,氧化产物为二氧化碳和水,此阶段称碳化阶段。在20℃时,碳化阶段可进行16d左右。第二阶段中被氧化的对象为含氮的有机化合物,氧化产物为硝酸盐和亚硝酸盐,此阶段称为硝化阶段。虽然这两个阶段并不能截然分开,但是人们所关心的是第一阶段。目前资料或书籍中所遇到的BOD值,一般不是指硝化阶段BOD值,而是指碳化阶段BOD值。

造纸、食品、纤维等化学工业废水及城市排放的生活污水中,含有许多有机物。它们未经处理排入水体时,水体受到有机物污染,有机物质被好氧微生物分解时,消耗水中的溶解氧。有机物含量高,溶解氧消耗多,BOD值愈高,水质愈差。

(一)五日培养法

1.方法原理

像测DO值一样,使用碘量法。对于污染轻的水样,取两份,一份测其当时的DO值;另一份在(20±1)℃下培养5d再测DO值,两者之差即为BOD_5值。

对于大多数污水来说,为保证水体生物化学过程所必需的三个条件,测定时就需按估计的污染程度适当地加特制的水稀释,然后取稀释后的水样两份,一份测其当时的DO值,另一份在(20±1)℃下培养5d再测DO值,同时测特制水培养前后的DO值,按公式计算BOD值。

2.稀释水

上述特制的、用于稀释水样的水,统称为稀释水。它是专门为满足水体生物化学过程的三个条件而配制的。配制时,取一定体积的蒸馏水,加 $CaCl_2$、$FeCl_3$、$MgSO_4$ 等用于微生物繁殖的营养物,用磷酸盐缓冲液调 pH 值至 7.2,充分曝气,使溶解氧近饱和,达 8mg/L 以上。水样中必须含有微生物,否则应在稀释水中加些生活污水或天然河水,以便为微生物接种,对于某些含有不易被一般微生物所分解的有机物的工业废水,需要进行微生物的驯化。

这种驯化的微生物种群最好从接受该种废水的水体中取得。为此可以在排水口以下 3~8km 处取得水样,经培养接种到稀释水中;也可用人工方法驯化,采用一定量的生活污水,每天加入一定量的待测废水,连续曝气培养,直至培养成含有可分解废水中有机物种群为止。稀释水的 BOD 值必须小于 0.2mg/L,稀释水可在 20℃左右保存。

为检查稀释水和微生物是否适宜,以及化验人员的操作水平,将每升含葡萄糖和谷氨酸各 150mg 的标准溶液以 1:50 稀释比稀释后,与水样同步测定 BOD 值,测得值应在 180~230mg/L 之间;否则,应检查原因,予以纠正。

3.水样的稀释

水样若非中性,则应先进行中和,再进行稀释培养。根据水样中有机物含量来选择适当的稀释倍数。对于清洁天然水和地表水,其溶解氧接近饱和,无须稀释。工业废水的稀释倍数由 COD 值分别乘以系数 0.075、0.15、0.25 获得。

在实践中,分析人员往往根据实践经验(样品的颜色、气味、来源及原来的监测资料)确定适当的稀释倍数。为了得到正确的 BOD 值,一般以经过稀释后的混合液在 20℃培养 5d 后的溶解氧残留量在 1mg/L 以上,耗氧量在 2mg/L 以上,这种稀释倍数最合适。

如果各稀释倍数均能满足上述要求,则取其测定结果的平均值为 BOD 值;如果三个稀释倍数培养的水样均在上述范围以外,则应调整稀释倍数后重做。

4.特殊水样的处理

如果遇到某些工业废水,含有毒物质浓度极高,而有机物含量不高,虽然经过接种稀释,因稀释的倍数受到有机物含量的限制不能过分稀释,测定 BOD 值仍有困难时,可在污水中加入有机质(葡萄糖),人为提高稀释倍数,使稀释水样中有毒物质浓度稀释到不能抑制生化过程,在测定已加葡萄糖废水的稀释水样 BOD 值的同时,测定葡萄糖的 BOD 值,并在计算中减去此值。

水样中如含少量氯,一般放置 1~2h 可自行消失;对游离氯短时间不能消散的水样,可加入亚硫酸钠除去,加入量由实验确定。培养时,应严格控制温度,保证在 (20±1)℃ 之内,同时注意水封,每隔两小时检查一次。

本方法适用于测定 BOD 值大于或等于 2mg/L,最大不超过 6 000mg/L 的水样;大于 6 000mg/L,会因稀释带来更大误差。

(二) 测定 BOD 值的其他方法

五日培养法(碘量法)作为测定 BOD 值的标准方法,存在操作复杂、重现性不好等缺点,而利用 BOD 测定仪就可克服这些缺点。目前,BOD 测定仪大致利用下列原理制成:

(1)测定密封系统中由于氧气量的减少而引起的气压变化,来测定 BOD 值。

(2)在密封系统中由于氧气量的减少用电解来补给,从电解所需的电量来求得氧的消耗量。

(3)用薄膜式溶解氧电极来求得生化过程中氧的消耗量。

(4)利用亚甲基蓝脱色来推定 BOD 值。

四、总需氧量(TOD)的测定

总需氧量(TOD)是指水中能被氧化的物质,主要是有机物质在燃烧中变成稳定的氧化物时所需要的氧量,结果以 O_2 的 mg/L 表示。

用 TOD 测定仪测定 TOD 的原理是将一定量水样注入装有铂催化剂的石英燃烧管,通入含已知氧浓度的载气(氮气)作为原料气,则水样中的还原性物质在 900℃ 下被瞬间燃烧氧化。测定燃烧前后原料气中氧浓度的减少量,便可求得水样的总需氧量值。

TOD 值能反映几乎全部有机物质经燃烧后变成 CO_2、H_2O、NO、SO_2 等所需要的氧量。它比 BOD、COD 和高锰酸盐指数更接近于理论需氧量值,但它们之间没有固定的相关关系。有的研究者指出,BOD/TOD 值为 0.1~0.6,COD/TOD 值为 0.5~0.9。具体比值取决于废水的性质。

TOD 和 TOC 的比例关系可粗略判断有机物的种类。对于含碳化合物,因为一个碳原子消耗两个氧原子,即 O_2/C 等于 2.67,因此,从理论上说,TOD 等于 2.67TOC。若某水样的 TOD/TOC 为 2.67 左右,可认为主要是含碳有机物;若 TOD/TOC 大于 4.0,则应考虑水中有较大量含 S、P 的有机物存在;若 TOD/TOC 小于 2.6,就应考虑水样中硝酸盐和亚硝酸盐可能含量较大,它们在高温和催化条件下分解放出氧,使 TOD 测定呈现负误差。

五、油类的测定

水中的矿物油来自工业废水和生活污水。工业废水中石油类(各种烃类的混合物)污染物主要来自原油开采、加工及各种炼制油的使用部门。矿物油漂浮在水体表面,影响空气与水体界面间的氧交换;分散于水中的油可被微生物氧化分解,消耗水中的溶解氧,使水质恶化。矿物油中还含有毒性大的芳烃类。

测定矿物油的方法有重量法、非色散红外法、紫外分光光度法、荧光法、比浊法等。

(一) 重量法

重量法测定原理是以硫酸酸化水样,用石油醚萃取矿物油,然后蒸发除去石油醚,称量残渣质重,计算矿物油含量。

此法测定的是酸化样品中可被石油醚萃取的,且在试验过程中不挥发的物质总量。溶剂去除时,使得轻质油有明显的损失。由于石油醚对油有选择地溶解,因此石油中较重成分可能不为溶剂萃取,当然也无从测得。重量法是最常用的方法,它不受油品种的限制,但操作烦琐,受分析天平和烧杯质量的限制,灵敏度较低,只适合于测含油量较大的水样。

(二) 非分散红外法

本法系利用石油类物质的甲基、亚甲基在近红外区($3.4\mu m$)有特征吸收,作为测定水样中油含量的基础。标准油可采用受污染地点水中石油醚萃取物。根据我国原油组分特点,也可采用混合石油烃作为标准油,其组成为十六烷:异辛烷:苯=65:25:10。

测定时,先用硫酸将水样酸化,加氯化钠破乳化,再用三氯三氟乙烷萃取,萃取液经无水硫酸钠层过滤,定容,注入红外分析仪测定其含量。测量前按仪器说明书规定调整和校准仪器。

所有含甲基、亚甲基的有机物质都将产生干扰。如水样中有动、植物油脂以及脂肪酸物质应预先将其分离。此外,石油中有些较重的组分不溶于三氯三氟乙烷,致使测定结果偏低。

(三) 紫外分光光度法

石油及其产品在紫外区有特征吸收。带有苯环的芳香族化合物的主要吸收波长为250~260nm;带有共轭双键的化合物主要吸收波长为215~230nm。一般原油的两个吸收峰波长为225nm和254nm;轻质油及炼油厂的油品可选225nm。

水样用H_2SO_4酸化,加NaCl破乳化,然后用石油醚萃取,脱水,定容后测定。标准油用受污染地点水样石油醚萃取物。不同油品特征吸收峰不同,如难以确定测定波长时,可用标准油在波长215~300nm之间的吸收光谱,采用其最大吸收峰的波长。

六、其他有机污染物的测定

根据水体污染的不同情况,常常还需要测定阴离子洗涤剂、有机磷农药、有机氯农药、苯系物、氯苯类化合物、苯并芘、多环芳烃、甲醛、三氯乙醛、苯胺类、硝基苯类等。这些物质除阴离子洗涤剂外,其他均为主要环境优先污染物,其监测方法多用气相色谱法和分光光度法。对于大分子量的多环芳烃、苯并芘等要用液相色谱法或荧光分光光度法。

第五章 大气和废气监测

第一节 大气污染基本知识

一、大气污染源

大气污染源可分为自然污染源和人为污染源两种。自然污染源是由于自然现象造成的,如火山爆发时喷射出大量粉尘、二氧化硫气体等;森林火灾产生大量二氧化碳、碳氢化合物、热辐射等。人为污染源是由于人类的生产和生活活动造成的,是空气污染的主要来源,主要有以下几种。

(一) 工业企业排放的废气

在工业企业排放的废气中,排放量最大的是以煤和石油为燃料,在燃烧过程中排放的粉尘、SO_2、NO_x、CO、CO_2等,其次是工业生产过程中排放的多种有机和无机污染物质。

(二) 交通运输工具排放的废气

主要是交通车辆、轮船、飞机排出的废气。其中,汽车数量最大,并且集中在城市,故对空气质量特别是城市空气质量影响大,是一种严重的空气污染源,其排放的主要污染物有碳氢化合物、一氧化碳、氮氧化物和黑烟等。

(三) 室内空气污染源

室内空气污染来源有:化学建材和装饰材料中的油漆、胶合板、内墙涂料、刨花板中含有的挥发性的有机物,如甲醛、苯、甲苯、氯仿等有毒物质;大理石、地砖、瓷砖中的放射性物质的排放(氡气及其子体);烹饪、吸烟等室内燃烧所产生的油、烟污染物质;人群密集且通风不

良的封闭室内 CO_2 过高；空气中的霉菌、真菌和病毒等。

1.室内空气污染的分类

（1）化学性污染：如甲醛、总挥发有机物（TVOC）、O_3、NH_3、CO、CO_2、SO_2、NO_2 等。

（2）物理性污染：温度、相对湿度、通风率、新风量；PM_{10}、$PM_{2.5}$、电磁辐射等。

（3）生物性污染：霉菌、真菌、细菌、病毒等。

（4）放射性污染：氡气及其子体。

2.室内空气的质量表征

（1）有毒、有害污染因子指标：在《室内空气质量标准》中规定了最高允许量。

（2）舒适性指标：包括室内温度、湿度、大气压、新风量等。它属主观性指标，与季节（夏季和冬季室内温度控制不一样）、人群生活习惯等有关。

二、空气中的污染物及其存在状态

空气中污染物的种类不下数千种，已发现有危害作用而被人们注意到的有 100 多种。我国《大气污染物综合排放标准》规定了 33 种污染物排放限值。根据空气污染物的形成过程，可将其分为一次污染物和二次污染物。

一次污染物是直接从各种污染源排放到空气中的有害物质。常见的主要有二氧化硫、氮氧化物、一氧化碳、碳氢化合物、颗粒性物质等。颗粒性物质中包含苯并芘等强致癌物质、有毒重金属、多种有机和无机化合物等。

二次污染物是一次污染物在空气中相互作用或它们与空气中的正常组分发生反应所产生的新污染物。这些新污染物与一次污染物的化学、物理性质完全不同，多为气溶胶，具有颗粒小、毒性大等特点。常见的二次污染物有硫酸盐、硝酸盐、臭氧、醛类（乙醛和丙烯醛等）、过氧乙酰硝酸酯等。

空气中的污染物质的存在状态是由其自身的理化性质及形成过程决定的，气象条件也起一定的作用。一般将它们分为分子状态污染物和粒子状态污染物两类。

（一）分子状态污染物

某些物质如二氧化硫、氮氧化物、一氧化碳、氯化氢、氯气、臭氧等沸点都很低，在常温、常压下以气体分子形式分散于空气中。还有些物质如苯、苯酚等，虽然在常温、常压下是液体或固体，但因其挥发性强，故能以蒸气态进入空气中。

无论是气体分子还是蒸气分子，都具有运动速度较大、扩散快、在空气中分布比较均匀的特点。它们的扩散情况与自身的密度有关，密度大者向下沉降，如汞蒸气等；密度小者向上飘浮,并受气象条件的影响,可随气流扩散到很远的地方。

(二)粒子状态污染物

粒子状态污染物(或颗粒物)是分散在空气中的微小液体和固体颗粒,粒径多在 0.01 ~ 100μm,是一个复杂的非均匀体系。通常根据颗粒物在重力作用下的沉降特性将其分为降尘和可吸入颗粒物。粒径大于 10μm 的颗粒物能较快地沉降到地面上,称为降尘;粒径小于 10μm 的颗粒物(PM_{10})可长期飘浮在空气中,称为可吸入颗粒物或飘尘。粒径小于 2.5μm 的颗粒物($PM_{2.5}$)能够直接进入支气管,干扰肺部的气体交换,引发哮喘、支气管炎和心血管病等方面的疾病。空气污染常规测定项目——总悬浮颗粒物(TSP)是粒径小于 100μm 颗粒物的总称。

可吸入颗粒物具有胶体性质,故又称气溶胶,它易随呼吸进入人体肺脏,在肺泡内积累,并可进入血液输往全身,对人体健康危害大。

某些固体物质在高温下由于蒸发或升华作用变成气体逸散于空气中,遇冷后又凝聚成微小的固体颗粒悬浮于空气中构成烟。

雾是由悬浮在空气中微小液滴构成的气溶胶。按其形成方式可分为分散型气溶胶和凝聚型气溶胶。常温状态下的液体,由于飞溅、喷射等原因被雾化而形成微小雾滴分散在空气中,构成分散型气溶胶。液体因为加热变成蒸气逸散到空气中,遇冷后又凝集成微小液滴形成凝聚型气溶胶。雾的粒径一般在 10μm 以下。

通常所说的烟雾是烟和雾同时构成的固、液混合态气溶胶,如硫酸烟雾、光化学烟雾等。硫酸烟雾主要是由燃煤产生的高浓度二氧化硫和煤烟形成的,二氧化硫经氧化剂、紫外光等因素的作用被氧化成三氧化硫,三氧化硫与水蒸气结合形成硫酸烟雾。当空气中的氮氧化物、一氧化碳、碳氢化合物达到一定浓度后,在强烈阳光照射下,经发生一系列光化学反应,形成臭氧、PAN 和醛类等物质悬浮于空气中而构成光化学烟雾。

尘是分散在空气中的固体微粒,如交通车辆行驶时所带起的扬尘,粉碎固体物料时所产生的粉尘,燃煤烟气中的含碳颗粒物等。

第二节　空气污染监测方案的制订

一、基础资料的收集

收集的基础资料主要有污染源分布及排放情况、气象资料、地形资料、土地利用和功能分区情况、人口分布及人群健康情况等。

(一)污染源分布及排放情况

通过调查,将监测区域内的污染源类型、数量、位置、排放的主要污染物及排放量调查清楚,同时还应了解所用原料、燃料及消耗量。特别注意排放高度低的小污染源,它对周围地区地面、大气中污染物浓度的影响要比大型工业污染源大。

(二)气象资料

污染物在大气中的扩散、输送和一系列的物理、化学变化在很大程度上取决于当时当地的气候条件。因此,要收集监测区域的风向、风速、气温、气压、降水量、日照时间、相对湿度、温度的垂直梯度和逆温层底部高度等资料。

(三)地形资料

地形对当地的风向、风速和大气稳定情况等有影响。因此,设置监测网点时应该考虑地形的因素。

(四)土地利用和功能分区情况

监测地区内土地利用情况及功能区划分也是设置监测网点应考虑的重要因素之一,不同功能区的污染状况是不同的,如工业区、商业区、混合区、居民区等。

(五)人口分布及人群健康情况

环境保护的目的是维护自然环境的生态平衡,保护人群的健康,因此,掌握监测区域的人口分布、居民和动植物受大气污染危害情况及流行性疾病等资料,对制订监测方案、分析判断监测结果是有益的。

对于相关地区以及周边地区的大气资料,如有条件也应收集、整理,供制订监测方案参考。

二、监测项目的确定

存在于大气中的污染物质多种多样,应根据优先监测的原则,选择那些危害大、涉及范围广,已建立成熟的测定方法并有标准可比的项目进行监测。美国提出空气中43种优先监测污染物;我国在《居民区大气中有害物质最高容许范围》中规定了34种有害物质的极限。对于大气环境污染例行监测项目,各国大同小异。1996年中国修订公布了《环境空气质量标准》(GB 3095—1996),2018年再次修订公布了《环境空气质量标准》(GB 3095—2012)修改单,进一步明确了对环境空气质量的要求。

三、采样点的布设

环境空气中污染物的监测是大气污染物监测的常规监测。为了获得高质量的大气污染物数据,必须考虑多种因素采集有代表性的试样,然后进行分析测试。主要因素有:采样点的选择、采样物理参数的控制、数据处理报告等。

(一) 采样点布设原则

环境空气采样点(监测点)的位置主要依据《环境空气质量监测规范(试行)》中的要求布设。常规监测的目的:一是判断环境大气是否符合大气质量标准,或改善环境大气质量的程度;二是观察整个区域的污染趋势;三是开展环境质量识别,为环境科学提供基础资料和依据。监测(网)点的布设方法有经验法、统计法、模式法等。监测点的布设,要使监测大气污染物所代表的空间范围与监测站的监测任务相适应。

经验法布点采样的原则和要求是:采样点应选择整个监测区域内不同污染物的地方;采样点应选择在有代表性区域内,按工业密集的程度、人口密集程度、城市和郊区,增设采样点或减少采样点;采样点要选择开阔地带,要选择风向的上风口;采样点的高度由监测目的而定,一般为离地面1.5~2m处,连续采样例行监测采样口高度应距地面3~15m,或设置于屋顶采样;各采样点的设置条件要尽可能一致,或按标准化规定实施,使获得的数据具有可比性;采样点应满足网络要求,便于自动监测。

(二) 采样布点方法

采样点的设置数目要与经济投资和精度要求相应的一个效益函数适应,应根据监测范围大小、污染物的空间分布特征、人口分布和密度、气象、地形及经济条件等因素综合考虑确定。

1.功能区布点法

这种方法多用于区域性常规监测。布点时先将监测地区按环境空气质量标准划分成若干"功能区",再按具体污染情况和人力、物力条件,在各功能区设置一定数量的采样点。各功能区的采样点不要求平均,一般在污染较集中的工业区多设点,人口较密集的区域多设点。

2.网格布点法

这种方法是将监测区域地面划分成均匀网状方格,采样点设在两条线的交叉处或方格中心。网格大小视污染源强度、人口分布及人力、物力条件等确定,如主导风向明显,下风向设点应多一些,一般约占采样总数60%。网格划分越小,检测结果越接近真值,监测效果越好。网格布点法适用于有多个污染源,且污染分布比较均匀的地区。

3.同心圆布点法

这种方法主要用于多个污染源构成污染群,且大污染源较集中的地区。先找出污染群的中心,以此为圆心在地面上画若干个同心圆,再从圆心做若干条放射线,将放射线与圆周的交点作为采样点。不同圆周上的采样数目不一定相等或均匀分布,常年主导风向的下风向比上风向多设一些点。例如同心圆半径分别取4km、10km、20km、40km,由里向外各圆周上分别设4、8、8、4个采样点。

4.扇形布点法

适用于主导风向明显的地区,或孤立的高架点源,以点源为顶点,呈45°扇形展开,采样点在距点源不同距离的若干弧线上。扇形布点主要用于大型烟囱排放污染物的取样,烟囱高度越高,污染面越大,采样点就越要增多。

四、采样时间和频率

采样时间系指每次采样从开始到结束所经历的时间,也称采样时段。采样频率系指在一定时间范围内的采样次数。这两个参数要根据监测目的、污染物分布特征及人力物力等因素决定。

(一)采样时间

采样时间短,试样缺乏代表性,监测结果不能反映污染物浓度随时间的变化,仅适用于事故性污染初步调查等情况的应急监测。为增加采样时间,目前采用的方法是使用自动采样仪器进行连续自动采样,若再配上污染组分连续或间歇自动监测仪器,其监测结果能更好地反映污染物浓度的变化,得到任何一段时间(如一小时、一天、一个月、一季度、一年)的代表值(平均值)。这是最佳采样和测定方式。

(二)采样频率

采样频率安排合理、适当,积累足够多的数据,则具有较好的代表性。增加采样频率,即每隔一定时间采样测定一次,取多个试样测定结果的平均值为代表值。例如:每个月采样一天,而一天内由间隔等时间采样测定一次,求出日平均、月平均监测结果。这种方法适用于受人力、物力限制而进行人工采样测定的情况,是目前进行大气污染常规监测、环境质量评价现状监测等广泛采用的方法。

若采用人工采样测定,应满足:应在采样点受污染最严重的时期采样测定;最高日平均浓度全年至少监测 20 天;最大一次浓度不得少于 25 个;每日监测次数不少于 3 次。

第三节 环境空气样品的采集和采样设备

一、采集方法

根据被测物质在空气中存在的状态和浓度,以及所用分析方法的灵敏度,可选择不同的采样方法。采集空气样品的方法一般分为直接采样法和富集采样法两大类。

(一)直接采样法

直接采样法一般用于空气中被测污染物浓度较高,或者所用的分析方法灵敏度高,直接进样就能满足环境监测的要求。如用氢焰离子化监测器测定空气中的苯系物,置换汞法测定空气本底中的一氧化碳等。用这类方法测得的结果是瞬时或者短时间内的平均浓度,它可以比较快地得到分析结果。直接采样法常用的采样容器有注射器、塑料袋、真空瓶(管)和一些固定容器等。这种方法具有经济和轻便的特点。

1.注射器采样法

即将空气中被测物采集在 100mL 注射器中的方法。采样时,先用现场空气抽洗 2~3 次,然后抽取空气样品 100mL,密封进样口,带回实验室进行分析。采集的空气样品要立即进行分析,最好当天处理完毕。注射器采样法一般用于有机蒸气的采样。

2.塑料袋采样法

即将空气中被测物质直接采集在塑料袋中的方法。此种方法需要注意所用塑料袋不应与所采集的被测物质起化学反应,也不应对被测物质产生吸附和渗漏现象。常用塑料袋有聚乙烯袋、聚四氟乙烯袋及聚酯袋等,为减少对待测物质的吸附,有些塑料袋内壁衬有金属膜,如衬银、铝等。采样时用二连球打入现场空气,冲洗 2~3 次,然后再充满被测样品,夹住进气口,带回实验室进行分析。

3.采气管采样法

采气管是两端具有旋塞的管式玻璃容器,其容积为 100~500mL。采样时,打开两端旋塞,将二连球或抽气泵接在管的一端,迅速抽进比采气管体积大 6~10 倍的欲采气体,使气管中原有气体完全被置换出,关上两端旋塞,采气体积即为采气管的容积。

4.真空瓶(管)采样法

即将空气中被测物质采集到预先抽成真空的玻璃瓶或玻璃采样管中的方法。所用的采样瓶(管)必须是用耐压玻璃制成的,一般容积为 500~2 000mL。

抽真空时,瓶外面应套有安全保护套,一般抽至剩余压力为 1.33kPa 左右即可,如瓶中预先装好吸收液,可抽至溶液冒泡时为止。采样时,在现场打开瓶塞,被测空气即充进瓶中,关闭瓶塞,带回实验室分析。采样体积为真空采样瓶(管)的体积。如果真空度达不到 1.33kPa时,那么采样体积的计算应扣除剩余压力。

(二)富集采样法

当空气中被测物质浓度很低,而所用分析方法又不能直接测出其含量时,需用富集采样法进行空气样品的采集。富集采样的时间一般都比较长,所得的分析结果是在富集采样时间内的平均浓度,这更能反映环境污染的真实情况。

富集采样的方法有溶液吸收法、填充柱阻留法(固体阻留法)、滤料阻留法、低温冷凝法及自然积集法等。在实际应用时,可根据监测目的和要求、污染物的理化性质、在空气中的存在状态,以及所用的分析方法来选择。

1.溶液吸收法

溶液吸收法是用吸收液采集空气中气态、蒸气态物质以及某些气溶胶的方法。当空气样品进入吸收液时,气泡与吸收液界面上的监测物质的分子由于溶解作用或化学反应,很快地进入吸收液中。同时气泡中间的气体分子因存在浓度梯度和运动速度极快,能迅速地扩散到气—液界面上,因此,整个气泡中被测物质分子很快地被溶液吸收。各种气体吸收管就是利用这个原理而设计的。

理想的吸收液应是理化性质稳定,在空气中和在采样过程中自身不会发生变化,挥发性小,并能够在较高温度下经受较长时间采样而无明显的挥发损失,有选择性地吸收,吸收效率高,能迅速地溶解被测物质或与被测物质起化学反应。最理想的吸收液中就含有显色剂,边采样边显色,不仅采样后即可比色定量,而且可以控制采样的时间,使显色强度恰好在测定范围内。常用的吸收液有水溶液和有机溶剂等。吸收液的选择根据被测物质的理化性质及所用的分析方法而定。

吸收液的选择原则是:①与被采集的物质发生化学反应快或对其溶解度大;②污染物质被吸收液吸收后,要有足够的稳定时间,以满足分析测定所需时间的要求;③污染物质被吸收后,应有利于下一步分析测定,最好能直接用于测定;④吸收液毒性小,价格低,易于购买,且尽可能回收利用。

2.填充柱阻留法

填充柱是用一根长 6~10cm、内径 3~5mm 的玻璃管或塑料管,内装颗粒状填充剂制成。采样时,让气样以一定流速通过填充柱,欲测组分因吸附、溶解或化学反应等作用被阻留在填充剂上,达到浓缩采样的目的。采样后,通过解吸或溶剂洗脱,使被测组分从填充剂上释放出来进行测定。根据填充剂阻留作用的原理,可分为吸附型、分配型和反应型三种类型。

吸附型填充柱的填充剂是颗粒状固体吸附剂,如活性炭、硅胶、分子筛、高分子多孔微球等。在选择吸附剂时,既要考虑吸附效率,又要考虑易于解吸测定。

分配型填充柱的填充剂是表面涂有高沸点有机溶剂(如异十三烷)的惰性多孔颗粒物(如硅藻土),类似于气液色谱柱中的固定相,只是有机溶剂的用量比色谱固定相大。当被采集气样通过填充柱时,在有机溶剂(固定液)中分配系数大的组分保留在填充剂上而被富集。

反应型填充柱的填充剂是由惰性多孔颗粒物(如石英砂、玻璃微球等)或纤维状物(如滤纸、玻璃棉等)表面涂渍能与被测组分发生化学反应的试剂制成。气样通过填充柱时,被测组分在填充剂表面因发生化学反应而被阻留。

3.滤料阻留法

该方法是将过滤材料(滤纸、滤膜等)放在采样夹上,用抽气装置抽气,则空气中的颗粒物被阻留在过滤材料上,称量过滤材料上富集的颗粒物质量,根据采样体积,即可计算出空气中颗粒物的浓度。

4.低温冷凝法

空气中某些沸点比较低的气态污染物质,如烯烃类、醛类等,在常温下用固体填充剂的方法富集效果不好,而低温冷凝法可提高采集效率。低温冷凝采样法是将 U 形或蛇形采样管插入冷阱中,当空气流经采样管时,被测组分因冷凝而凝结在采样管底部。如用气相色谱法测定,可将采样管与仪器进气口连接,移去冷阱,在常温或加热情况下气化,进入仪器测定。

5.自然积集法

这种方法是利用物质的自然重力、空气动力和浓差扩散作用采集空气中的被测物质,如自然降尘量、硫酸盐化速率、氟化物等空气样品的采集。采样不需要动力设备,简单易行,且采样时间长,测定结果能较好地反映空气污染状况。

二、采样仪器

用于空气采样的仪器种类和型号颇多,但它们的基本构造相似,一般由收集器、流量计和采样动力三部分组成。

(一) 收集器

收集器是阻留捕集空气中欲测污染物的装置。包括前面介绍的气体吸收管(瓶)、填充柱、滤料、冷凝采样管等。

(二) 流量计

流量计是采样时测定气体流量的装置。常用的流量计有皂膜流量计、孔口流量计、转子(浮子)流量计、湿式流量计、临界孔稳流计和质量流量计等。皂膜流量计用于校正其他流量计。转子流量计具有简单、轻便、较准确等特点,常为各种空气采样仪器所采用。

(三) 采样动力

空气监测中除少数项目(如降尘等)无须动力采样外,绝大部分项目的监测采样都需采样动力。采样动力为抽气装置,最简易的采样动力是人工操作的抽气筒、注射器、二连球等。而通常所说的采样动力是指采样仪器中的抽气泵部分。抽气泵有真空泵、刮板泵、薄膜泵和电磁泵等。

三、采气量、采样记录和浓度表示

(一) 采气量的确定

每一个采样方法都规定了一定的采气量。采气量过大或过小都会影响监测结果。一般来讲,分析方法灵敏度较高时,采气量可小些,反之则需加大采气量。如果现场污染物浓度不清楚时,采气量和采样时间应根据被测物质在空气中的最高允许浓度和分析方法的检出限来确定。

(二)采样记录

采样记录与实验室分析测定记录同等重要。在实际工作中,不重视采样记录,往往会导致由于采样记录不完整而使一大批监测数据无法统计而报废,所以,必须给予高度重视。采样记录的内容有:所采集样品被测污染物的名称及编号;采样地点和采样时间;采样流量、采样体积及采样时的温度和空气压力;采样仪器、吸收液及采样时天气状况及周围情况;采样者、审核者姓名。

(三)空气中污染物浓度的表示方法

1.浓度的表示方法

空气中污染物浓度的表示方法有两种:一种是以单位体积内所含的污染物的质量数来表示,常用 mg/m^2 或 $\mu g/m^2$ 来表示;另外一种是污染物体积与气样总体积的比值,常用 $\mu L/L$、nL/L 或 pL/L 表示。过去常用的 $ppmV$ 是指在百万体积空气中含有害气体和蒸气的体积数。

2.空气体积的换算

根据气体状态方程式可知,气体体积受温度和空气压力影响。为了使计算出的浓度具有可比性,要将采样体积换算成标准状态下的采样体积。体积换算式如下。

$$V_0 = V_t \times \frac{273}{273 + t} \times \frac{P}{101.325} \tag{5-1}$$

第四节　大气颗粒物污染源样品的采集及处理

一、大气颗粒物排放源分类

大气颗粒物排放源分类大致如下:土壤风沙尘、海盐粒子、燃煤飞灰、燃油飞灰、汽车尘、道路尘、建筑材料尘、冶炼工业粉尘、植物尘、动物焚烧尘、烹调油烟、城市扬尘等。

二、源样品采集原则

有些源类,其构成物质在向受体排放时,主要经历物理变化过程,如海盐粒子、火山灰、风沙土壤、植物花粉等。采集这类源样品时,可以直接采集构成源的物质,以源物质的成分谱作为源成分谱。

有些源类,其构成物质不直接向受体排放,中间主要经历物理化学变化过程,如煤炭、石油及石油制品要经过燃烧过程,建筑水泥尘是矿石经过焙烧过程,钢铁尘经过冶炼过程等。因此采集这类源样品时,不能直接采集源构成物质,而应该采集它们的排放物,以源的排放物(飞灰)的成分谱作为源成分谱。

二次粒子成分,如硫酸盐、硝酸盐和二次转化的有机物,则难以通过一般的方法来采样测量。

三、代表性源样品采集技术的新进展

(一) 用机动车随车采样器采集机动车尾气尘

机动车尾气尘与道路尘是不同的源类。机动车尾气尘是指机动车排气管排出的燃料油燃烧后形成的颗粒物,属于单一尘源类,而道路尘属于混合尘源类。机动车尾气尘采集方法一般分为台架法、隧道法和随车法,下面简单介绍台架法和随车法。

1.台架法

机动车尾气管排放的颗粒物主要以含碳为主的不可挥发部分和以高沸点碳氢化合物为主要成分的可挥发部分,因此颗粒物的取样温度、取样方式直接影响检测结果。通常都要将尾气稀释,以避免化学活性强的物质发生化学反应和水蒸气聚集凝结溶解其他污染物引起误差。

常见的取样方法有三种:(1)全流稀释风道法,采用定容取样原理制成,适用于气体和颗粒物的采样;(2)二次稀释风道采样;(3)分流稀释取样。1989年我国机动车排放颗粒物测试标准已经规定采用定容取样方法。2000年左右,中国环境科学研究院已经研制开发了一套全流稀释风道定容二次稀释取样系统,具有3倍至270倍可变的稀释比,可以进行小到低排量摩托车、大到高排量重型柴油车排放颗粒物的采集。

2.随车法

目前我国生产和进口的机动车种类繁多,工况复杂。台架法适合于规定工况条件下的尾气测试,不能反映机动车随机条件下的尾气排放情况,因此采用随车采样器更能满足随机条件下的尾气排放测试。南开大学已经研制开发了适合各种机动车型号的随车采样器,能够满足测试的要求。

（二）烟道气湍流混合稀释采样系统采集工业燃煤（油）飞灰

烟尘在环境中主要以气、固两相气溶胶形态存在，是环境空气颗粒物的主要来源之一。烟尘从排气筒中排出后，会立即与环境空气混合发生凝结、蒸发、凝聚以及二次化学反应。这些物理、化学变化将改变颗粒物的粒度分布和化学组成，因此如何能够从固定源排气筒中采集到物化行为更接近于环境条件下演化的颗粒物样品，已成为困扰环保界的技术难题之一。

（三）颗粒物再悬浮采样器对粉末源样品进行分级

颗粒物再悬浮采样器主要是为了解决开放源样品的采样问题。再悬浮采样器通过送样装置将已干燥、筛分好的粉末样品送至再悬浮箱中使颗粒再次悬浮起来，然后利用分级采样头将样品采集到滤膜上。

第五节　空气污染物的测定

一、粒子状污染物的测定

大气中悬浮颗粒污染物，特别是小颗粒的污染物对人的健康损害最大。各种呼吸道疾病的产生，无不与它们有关。如 1952 年，伦敦一次烟雾事件持续多天，造成已患病人约 4 000 人的死亡。悬浮颗粒污染物对环境也有严重的影响，大雾弥漫可使局部地区气候恶化。因此，监测大气中的悬浮颗粒污染物浓度，治理悬浮颗粒污染物，对人类与自然的保护显得十分重要。

（一）自然降尘的测定

降尘是大气污染监测的参考性指标之一，大气降尘定义是指在空气环境下，靠重力自然沉降在集尘缸中的颗粒物。降尘颗粒多在 $10\mu m$ 以上。

自然降尘的测定是按照上文有关原则和采样方法进行布点采样。

1.测定原理

空气中可沉降的颗粒，沉降在装有乙二醇水溶液的集尘缸里，样品经蒸发、干燥、称量后，计算降尘量。

2.采样

(1)设点要求。采样地点附近不应有高大的建筑物及局部污染源的影响;集尘缸应距离地面5~15m。

(2)样品收集。放置集尘缸前,加入乙二醇60~80mL,以占满缸底为准,加入的水量适宜(50~200mL);将采样缸放在固定架上并记录放缸地点、缸号、时间;定期取采样缸[(30±2)h]。

3.测定步骤

(1)瓷坩埚的准备。将洁净的瓷坩埚置于电热干燥箱内,在(105±5)℃烘3h,取出放入干燥器内冷却50min,在分析天平上称量;在同样的温度下再烘50min,冷却50min,再称量,直至恒重(两次误差小于0.4g),此值为W_0。然后,将瓷坩埚置于高温熔炉内,在600℃灼烧2h,待炉内温度降至300℃以下时取出,放入干燥器中,冷却50min,称量。再在600℃下灼烧1h,冷却50min,再称量,直至质量恒定,此值为W_b。

(2)降尘总量的测定。剔除采样缸中的树叶、小虫后其余部分转移至500mL烧杯中,在电热板上蒸发至10~20mL,冷却后全部转移全恒重的坩埚内蒸干,放入干燥箱经(105±5)℃烘干至恒重W_1。

(3)试剂空白测定。取与采样操作等量的乙二醇水溶液,放入500mL烧杯中,重复前面实验内容,得到的恒定质量减去W_0即为空白W_e。

4.计算

$$M = \frac{W_1 - W_0 - W_e}{Sn} \times 30 \times 10^4 \qquad (5-2)$$

(二)PM_{10}和$PM_{2.5}$的测定

PM_{10}:又称胸部颗粒物,指可吸入颗粒物中能够穿过咽喉进入人体肺部的气管、支气管区和肺泡的那部分颗粒物,它并不是表示空气动力学直径小于$10\mu m$的可吸入颗粒物,而是表示具有D50=$10\mu m$,空气动力学直径小于$30\mu m$以下的可吸入颗粒物。其中空气动力学直径指在通常的温度、压力和相对湿度的情况下,在静止的空气中,与实际颗粒物具有相同重力加速度的密度为$1g/cm^2$的球体直径,实际上是一种假想的球体颗粒直径;而D50是指在一定的颗粒物体系中,即空气动力学直径范围一定时,颗粒物的累积质量占到总颗粒物质量一半(50%)时所对应的空气动力学直径,它代表了可吸入颗粒物体系的几何平均空气动力学直径。

由于通常不能测得实际颗粒的粒径和密度,而空气动力学直径则可直接由动力学的方法测量求得,这样可使具有不同形状、密度、光学与电学性质的颗粒粒径有了统一的量度。

大气颗粒物(或气溶胶粒子)的粒径(直径或半径),均应指空气动力直径。在标准状况下,粒子在空气中的气体动力学直径为 $0.5\mu m$,比重为 2 时,其真实直径只有 $0.34\mu m$,而比重为 0.5 时,却为 $0.73\mu m$。

$PM_{2.5}$:2013 年 2 月,全国科学技术名词审定委员会将 $PM_{2.5}$ 的中文名称命名为细颗粒物。是指环境空气中空气动力学当量直径小于等于 $2.5\mu m$ 的颗粒物。它能较长时间悬浮于空气中。虽然 $PM_{2.5}$ 只是地球大气成分中含量很少的组分,但它对空气质量和能见度等有重要的影响。与较粗的大气颗粒物相比,$PM_{2.5}$ 粒径小,面积大,活性强,易附带有毒、有害物质(例如,重金属、微生物等),且在大气中的停留时间长、输送距离远,因而对人体健康和大气环境质量的影响更大。

细颗粒物的化学成分主要包括有机碳、元素碳、硝酸盐、硫酸盐、铵盐、钠盐等。

目前,各国环保部门广泛采用空气粒子状污染物测定方法有四种:重量法、微量振荡天平法、β 射线吸收法和光散射法。重量法是最直接、最可靠的方法,是验证其他方法是否准确的标杆。但重量法需人工称重,程序烦琐费时。如果要实现自动监测,就需要用其他三种方法。自动监测仪在 24 小时空气质量连续自动监测中应用广泛。在污染较重或地理位置重要的地方,自动监测仪可有效地反映出空气中 PM_{10}、$PM_{2.5}$ 污染浓度的变化情况,为环保部门进行空气质量评估和政府决策提供准确、可靠的数据依据。

1.重量法

适用于环境空气中 PM_{10} 和 $PM_{2.5}$ 浓度的手工测定。

(1)方法原理。分别通过具有一定切割特性的采样器,以恒速抽取定量体积空气,使环境空气中 $PM_{2.5}$ 和 PM_{10} 被截留在已知质量的滤膜上,根据采样前后滤膜的重量差和采样体积,计算出 $PM_{2.5}$ 和 PM_{10} 浓度。

(2)主要仪器。PM_{10}(或 $PM_{2.5}$)切割器及采样系统、采样器孔口流量计、滤膜、分析天平、恒温恒湿箱(室)、干燥器。

(3)分析步骤。将滤膜放在恒温恒湿箱(室)中平衡 24h,平衡条件为:温度取 $15\sim30℃$ 中任何一个,相对湿度控制在 $45\%\sim55\%$ 范围内,记录平衡温度与湿度。在上述平衡条件下,用感量为 $0.1mg$ 或 $0.01mg$ 的分析天平称量滤膜,记录滤膜重量。同一滤膜在恒温恒湿箱(室)中相同条件下再平衡 1h 后称重。对于 PM_{10} 和 $P_{2.5}$ 颗粒物样品滤膜,两次重量之差分别小于 $0.4mg$ 或 $0.04mg$ 为满足恒重要求。

2.微量振荡天平法

微量振荡天平法是在质量传感器内使用一个振荡空心锥形管,在其振荡端安装可更换的滤膜,振荡频率取决于锥形管特征和其质量。当采样气流通过滤膜,其中的颗粒物沉积在滤膜上,滤膜的质量变化导致振荡频率的变化,通过振荡频率变化计算出沉积在滤膜上颗粒物的质量,再根据流量、现场环境温度和气压计算出该时段颗粒物标志的质量浓度。

3.β 射线吸收法

仪器利用抽气泵对大气进行恒流采样,经 PM_{10} 或 $PM_{2.5}$ 切割器切割后,大气中的颗粒物吸附在 β 源和盖革计数管之间的滤纸表面,采样前后盖革计数管计数值的变化反映了滤纸上吸附灰尘的质量变化,由此可以得到采样空气中 PM_{10} 的浓度。

4.光散射法

当一束光通过含有颗粒物的烟气时,其光强因为烟气中颗粒物对光的吸收和散射作用而减弱,通过测定参比光强和光束经过烟气后的光强来计算光穿过介质的透过率并依此来测定烟气中颗粒物的浓度。光散射法的优点是在当颗粒物直径分布较均匀时,测量精度较高,并且可以消除水分、温度和压力造成的测量误差;缺点是颗粒物浓度太低和太高以及颗粒物的分布范围较大时,均会对测量结果产生较大影响。

(三) 总悬浮颗粒物的测定

适合于大流量或中流量总悬浮颗粒物采样进行空气中总悬浮颗粒物的测定。

1.测定原理

空气中总悬浮颗粒物抽进大流量采样器时,被收集在已称重的滤料上,采样后,根据采样前后滤膜质量之差及采样体积,计算总悬浮颗粒物的浓度。滤膜处理后,可进行组分测定。

2.主要仪器

(1)大流量或中流量采样器(带切割器)。

(2)大流量孔口流量计(量程 $0.7 \sim 1.4m^2/min$,恒流控制误差 $0.01m^2/min$)、中流量孔口流量计(量程 $70 \sim 160L/min$,恒流控制误差 $1L/min$)。

(3)滤膜。气流速度为 $0.45m/s$ 时,单张滤膜阻力不大于 $3.5kPa$,抽取经过高效过滤其精华的气体 $5h$,$1cm^2$ 滤膜失重不大于 $0.012mg$。

(4)恒温恒湿箱。

(5)天平(大托盘分析天平)。

3.测定步骤

(1)滤膜准备。每张滤膜都要经过 X 光机的检查,不得有缺陷。用前要编号,并打在滤膜的角上。把滤膜放入恒温恒湿箱内平衡 2h,平衡温度取 $15 \sim 30℃$ 中任何一点,并记录温度和湿度。平衡后称量滤膜,称准为 $0.1mg$。

（2）安放滤膜。将滤膜放入滤膜夹，使之不漏气。

（3）采样后，取出滤膜检查是否受损。若无破损，在平衡条件下，称量测定。

4.计算

$$\rho = \frac{K(W_1 - W_0)}{Q_N t} \qquad (5-3)$$

二、分子状污染物的测定

分子状污染物较多，本节只介绍最基本和最重要的物质的测定。

（一）SO_2 的测定

二氧化硫是主要大气污染物之一，来源于煤和石油产品的燃烧、含硫矿石的冶炼、硫酸等化工产品生产所排放的废气。

1.测定方法

测定 SO_2 方法很多，常见的有分光光度法、紫外荧光法、电导法、恒电流库仑法和火焰光度法。

四氯汞盐吸收-副玫瑰苯胺分光光度法适用于大气中二氧化硫的测定，方法检出限为 $0.015\mu g/m^2$，以 50mL 吸收液采样 24h，采样 288L 时，可测浓度范围为 $0.017 \sim 0.35mg/m^2$；甲醛缓冲溶液吸收-副玫瑰苯胺分光光度法方法检出限 $0.007mg/m^2$，以 50mL 吸收液采样 24h，采样 288L 时，最低检出限量 $0.003mg/m^2$。

2.测定原理

两种测定方法原理基本上相同，差别在于 SO_2 吸收剂不同，一种方法是用四氯汞钾吸收液，另一种方法用甲醛缓冲液。

（1）四氯汞钾（TCM）做吸收液。气样中的 SO_2 被吸收液吸收生成稳定的二氯亚硫酸盐络合物，此络合物与甲醛和盐酸副玫瑰苯胺（PRA）反应生成红色络合物，用分光光度法测定生成络合物的吸光度，进行定量分析。

（2）甲醛缓冲溶液为吸收液。气样中 SO_2 与甲醛生成羟醛甲基磺酸加成产物，加入 NaOH 溶液使加成物分解释放出 SO_2，再与盐酸副玫瑰苯胺反应生成紫红色络合物，比色定量分析。

（二）氮氧化物的测定

氮的氧化物有 NO、NO_2、N_2O_3、N_3O_4、N_2O_5 等多种形式。大气中的氮氧化物主要是以一氧化氮(NO)和二氧化氮(NO_2)的形式存在,主要来源于石化燃料、化肥等生产排放的废气,以及汽车排气。

大气中的NO、NO_2可分别测定,也可测定它们的总量。常见的测定方法有盐酸萘乙二胺分光光度法、化学发光法。

(三)CO 的测定

一氧化碳(CO)是大气中主要污染物之一,它主要来源于石油、煤炭燃烧不完全的产物,以及汽车的排气。一氧化碳是有毒气体,它容易与人体血液中的血红蛋白结合,形成碳氧血红蛋白,使血液输送氧的能力降低,造成缺血症,重者可致人死亡。

测定 CO 的方法很多,有非分散红外吸收法、气相色谱法、定电位电解法、间接冷原子吸收法等。

(四)臭氧的测定

臭氧是较强的氧化剂之一,它是大气中的氧在太阳紫外线的照射下或受雷击形成的。臭氧在高空大气中可以吸收紫外光,保护人和生物免受太阳紫外光的辐射。

臭氧的测定方法有吸光光度法、化学发光法、紫外线吸收法等。

(五)硫酸盐化速率的测定

硫酸盐化速率是指大气中含硫污染物演变为硫酸雾和硫酸盐雾的速度。其测定方法有二氧化铅-重量法、碱片-铬酸钡分光光度法、碱片-离子色谱法。

(六)氟化物的测定

大气中的气态氟化物主要是氟化氢,还有少量的氟化硅(SiF_4)、氟化碳(CF_4)。含氟粉尘主要是冰晶石(Na_3AlF_6)、萤石(CaF_2)、氟化铝(AlF_3)、氟化钠(NaF)及磷灰石[$3Ca_3(PO_4)_2 \cdot CaF_2$]。氟化物的来源主要是铝厂、磷肥厂。氟化物的气体或粉尘属高毒素,由呼吸道进入人体,会引起黏膜刺激、中毒等症状。氟化物对植物生长也有明显损害。

测定大气中氟化物的方法有吸光光度法、滤膜采样-氟离子选择电极法、石灰采样-氟离子选择电极法。

第六章 土壤质量监测

第一节 土壤的基础知识

一、土壤的概念

"土壤"一词在世界上任何民族的语言中均可以找到,但不同学科的科学家对"什么是土壤"却有着各自的观点和认识。如何给出一个科学而全面的有关土壤的定义,需要依赖于对土壤组成、功能与特性有较为全面的理解,主要包括:

1.土壤是历史自然体:是由母质经过长时间的成土作用而形成的三维自然体;是考古学和古生态学信息库、自然史(博物学)文库、基因库的载体。因此,土壤对理解人类和地球的历史至关重要。

2.具有生产力:含有植物生长所必需的营养元素、水分等适宜条件,是农业、园艺和林业等生产的基础,是建筑物和道路的基础和工程材料。

3.具有生命力:生物多样性最丰富,能量交换和物质循环最活跃的地球表层;是植物、动物和人类的生命基础。

4.具有环境净化力:是具有吸附、分散、中和和降解环境污染物功能的环境舱;只要土壤具有足够的净化能力,地下水、食物链和生物多样性就不会受到威胁。

5.中心环境要素:土壤是地球表面由矿物颗粒、有机质、水、气体和生物组成的疏松而不均匀的聚集层,它是一个开放系统,是自然环境要素的中心环节。作为生态系统的组成部分,可以调控物质和能量循环。

二、土壤的组成

土壤是地球表层的岩石经过生物圈、大气圈和水圈长期的综合影响演变而成的。由于各种成土因素,诸如母岩、生物、气候、地形、时间和人类生产活动等综合作用的不同,形成了多种类型的土壤。

土壤是由固、液、气三相物质构成的复杂体系。土壤固相包括矿物质、有机质和生物。在固相物质之间为形状和大小不同的孔隙,孔隙中存在水分和空气。

(一) 土壤矿物质

土壤矿物质是岩石经物理风化和化学风化作用形成的,占土壤固相部分总重量的90%以上,是土壤的骨骼和植物营养元素的重要供给源,按其成因可分为原生矿物质和次生矿物质两类。

1.原生矿物质

原生矿物质是岩石经过物理风化作用被破碎形成的碎屑,其原来的化学组成没有改变。这类矿物质主要有硅酸盐类矿物、氧化物类矿物、硫化物类矿物和磷酸盐类矿物。

2.次生矿物质

次生矿物质是原生矿物质经过化学风化后形成的新矿物,其化学组成和晶体结构均有所改变。这类矿物质包括简单盐类(如碳酸盐、硫酸盐、氯化物等)、三氧化物类和次生铝硅酸盐类。次生铝硅酸盐类是构成土壤黏粒的主要成分,故又称为黏土矿物,土壤中许多重要的物理、化学性质和物理、化学过程都与所含黏土矿物质的种类和数量有关。

3.土壤矿物质的化学组成

土壤矿物质所含主体元素是氧、硅、铝、铁、钙、钠、钾、镁等,约占96%,其他元素含量多在0.1%以下,甚至低于十亿分之几,称为微量、痕量元素。

4.土壤的机械组成

土壤是由不同粒级的土壤颗粒组成的。土壤的机械组成又称为土壤的质地,是指土壤中各种不同大小颗粒(砾、砂、粉砂、黏粒)的相对含量。土壤矿物质颗粒的形状和大小多种多样,其粒径从几微米到几厘米,差别很大。不同粒径的矿物质颗粒的成分和物理化学性质有很大差异,如对污染物的吸附、解吸和迁移、转化能力,有效含水量及保水保温能力等。为了研究方便,常按粒径大小将土粒分为若干类,称为粒级;同级土粒的成分和性质基本一致。

自然界中任何一种土壤,都是由粒径不同的土粒按不同的比例组合而成的,按照土壤中各粒级土粒含量的相对比例或质量分数分类,称为土壤质地分类。

(二) 土壤有机质

土壤有机质是土壤中含碳有机化合物的总称,由进入土壤的植物、动物、微生物残体及施入土壤的有机肥料经分解转化逐渐形成,是土壤的重要成分之一,也是土壤形成的标志,通常可分为非腐殖物质和腐殖物质两类。

非腐殖物质包括糖类化合物(如淀粉、纤维素等)、含氮有机化合物及有机磷和有机硫化合物,一般占土壤有机质总量的 10%~15%。另一类是腐殖物质,是植物残体中稳定性较大的木质素及其类似物,在微生物作用下,部分被氧化形成的一类特殊的高分子聚合物,具有苯环结构,苯环周围连有多种官能团,如梭基、羟基、甲氧基及氨基等,使之具有表面吸附、离子交换、络合、缓冲、氧化还原作用及生理活性等性能。土壤有机质一般占土壤固相物质总质量的 5%左右,对于土壤的物理、化学和生物学性状有较大的影响。

(三) 土壤生物

土壤中生活着微生物(细菌、真菌、放线菌、藻类等)及动物(原生动物、蚯蚓、线虫类等),它们不但是土壤有机质的重要来源,更重要的是对进入土壤的有机污染物的降解及无机污染物(如重金属)的形态转化起着主导作用,是土壤净化功能的主要贡献者和土壤质量的灵敏指示剂。

(四) 土壤溶液

土壤溶液是土壤水分及其所含溶质的总称,其中溶质包括可溶无机盐、可溶有机物、无机胶体及可溶性气体等。土壤溶液既是植物和土壤生物的营养来源,又是土壤中各种物理、化学反应和微生物作用的介质,成为影响土壤性质及污染物迁移、转化的重要因素。

土壤溶液中的水来源于大气降水、地表径流和农田灌溉,若地下水位接近地表面,也是土壤溶液中水的来源之一。

(五) 土壤空气

土壤空气存在于未被水分占据的土壤孔隙中,来源于大气、生物化学反应和化学反应产生的气体(如甲烷、硫化氢、氢气、氮氧化物、二氧化碳等)。土壤空气组成与土壤本身特性相关,也与季节、土壤水分、土壤深度等条件相关,如在排水良好的土壤中,土壤空气主要来源于大气,其组分与大气基本相同,以氮、氧和二氧化碳为主;而在排水不良的土壤中氧含量下降,二氧化碳含量增加。土壤空气含氧量比大气少,而二氧化碳含量高于大气。

三、土壤的基本性质

(一) 吸附性

土壤的吸附性能与土壤中存在的胶体物质密切相关。土壤胶体包括无机胶体(如黏土矿物和铁、铝、硅等水合氧化物)、有机胶体(主要是腐殖质及少量的生物活动产生的有机物)、有机-无机复合胶体。

由于土壤胶体具有巨大的比表面积,胶粒表面带有电荷,分散在水中时界面上产生双电层,使其对有机污染物(如有机磷和有机氯农药等)和无机污染物(如 Hg^{2+}、Pb^{2+}、Cu^{2+}、Cd^{2+} 等重金属离子)有极强的吸附能力。

(二) 酸碱性

土壤的酸碱性是土壤的重要理化性质之一,是土壤在形成过程中受生物、气候、地质、水文等因素综合作用的结果,对植物生长和土壤肥力及土壤污染物的迁移转化都有重要的影响。

中国土壤的 pH 值大多在 4.5~8.5 范围内,并呈东南酸西北碱的规律。

根据土壤中氢离子存在的形式,土壤酸度分为活性酸度和潜性酸度两类。活性酸度是指土壤溶液中游离氢离子浓度反映的酸度,又称有效酸度,通常用 pH 值表示。潜性酸度是指土壤胶体吸附的可交换氢离子和铝离子经离子交换作用后所产生的酸度。如土壤中施入中性钾肥(KCl)后,溶液中的钾离子与土壤胶体上的氢离子和铝离子发生交换反应,产生盐酸和三氯化铝。土壤潜性酸度常用 100g 烘干土中氢离子的摩尔数表示。

土壤碱性主要来自土壤中钙、镁、钠、钾的重碳酸盐、碳酸盐及土壤胶体上交换性钠离子的水解作用。

(三) 氧化-还原性

土壤中存在着多种氧化性和还原性无机物质及有机物质,使其具有氧化性和还原性。土壤中的游离氧和高价金属离子、硝酸根等是主要的氧化剂;土壤有机质及其在厌氧条件下形成的分解产物和低价金属离子是主要的还原剂。

四、土壤污染

由于人为原因和自然原因,使各类污染物质通过多种渠道进入土壤环境。土壤污染不仅使其肥力下降,还可能构成二次污染源,污染水体、大气、生物,进而通过食物链危害人体健康。

(一) 土壤污染的来源

土壤污染源可分为天然污染源和人为污染源。天然污染源来自矿物风化后自然扩散,火山爆发后降落的火山灰以及由于气象因素或者地质灾害所引起的土壤污染。人为污染源是土壤污染的主要污染源,包括不合理地使用农药、化肥,污水灌溉,使用不符合标准的污泥,城市垃圾及工业废弃物,固体废物随意堆放或填埋,以及大气沉降物等,而且大型水利工程、截流改道和破坏植被也可造成土壤污染。

(二) 土壤污染的种类

土壤中污染物种类多,一般可分为有机物、无机物、土壤生物和放射性污染物质,其中以化学污染物最为普遍和严重。化学污染物如重金属、硫化物、氟化物、农药等。

(三) 土壤污染的特点

1.土壤污染比较隐蔽,从开始污染到发现污染导致的后果,有一段很长的间断、逐步积累的隐蔽过程。

2.土壤一旦被污染后就很难恢复,有时被迫改变用途或者放弃使用,严重的污染还会通过食物链危害动物和人体,甚至使人畜失去赖以生存的基础。所以在土壤环境污染研究中,不但要研究污染物的总量,还必须研究污染物的形态和价态,以利于更好地阐明污染物在环境中的迁移转化规律,预测环境质量变化的趋势,也有助于制定环境标准和制定改造已被污染的土壤的治理措施。

3.污染后果严重,严重的污染通过食物链危害人类和动植物。

4.土壤污染的判定比较复杂。土壤污染物的性质与其存在的价态、形态、浓度、化学性质及其存在的环境条件等密切相关。研究表明,地球表面上的每一特定区域都有它特有的地球化学性质,所以在进行判定时一定要依据当地的实际情况进行考虑,其中应将土壤本底值纳入考虑的范围内。

五、土壤背景值

土壤背景值又称土壤本底值。它是指在未受人类社会行为干扰(污染)和破坏时,土壤成分的组成和各组分(元素)的含量。当今,由于人类活动的长期影响和工农业的高速发展,使土壤环境的化学成分和含量水平发生了明显的变化,要想寻找绝对未受污染的土壤环境是十分困难的,因此,环境背景值实际上是一个相对的概念。不同自然条件下发育的不同土类或同一种土类发育于不同的母质母岩区,其土壤环境背景值也有明显差异;就是同一地点采集的样品,分析结果也不可能完全相同,因此土壤环境背景值也是统计性的。

土壤元素背景值是环境保护和环境科学的基础数据,是研究污染物在土壤中变迁和进行土壤质量评价与预测的重要依据。一般判断土壤污染的程度,是将土壤中有关元素的测定值与土壤背景值相比较。土壤背景值在实际应用中有两种概念。其一是指一个国家或一个地区土壤中某元素的平均含量。将污染区某元素含量与之相比,若超过该值,即为污染,超过越多,污染越重。其二是按土壤类型考虑,规定未被污染的某一类型土壤中某元素的平均含量为背景值。将受污染的同一类型土壤中某元素的平均含量与之相比,即可得知该土壤受污染的程度。

第二节 土壤环境质量监测方案

一、监测目的

(一) 土壤质量现状监测

监测土壤质量目的是判断土壤是否被污染及污染状况,并预测其发展变化趋势。

(二) 土壤污染事故监测

污染物对土壤造成污染,或者使土壤结构与性质发生了明显变化,或者对作物造成了伤害,因此需要调查分析主要污染物,确定污染的来源、范围和程度,为行政主管部门采取对策提供科学依据。

(三) 污染物土地处理的动态监测

在土地利用和处理过程中,许多无机和有机污染物质被带入土壤,其中有的污染物质残留在土壤中,并不断地积累,需要对其进行定点长期动态监测,既能充分利用土地的净化能力,又能防止土壤污染,保护土壤生态环境。

(四) 土壤背景值调查

通过分析测定土壤中某些元素的含量,确定这些元素的背景值水平和变化情况,了解元素的丰缺和供应状况,为保护土壤生态环境、合理施用微量元素及地方病因的探讨与防治提供依据。

二、资料的收集

自然环境方面的资料包括:土壤类型、植被、区域土壤元素背景值、土地利用、水土流失、自然灾害、水系、地下水、地质、地形地貌、气象等,以及相应的图件(如土壤类型图、地质图、植被图等)。

社会环境方面的资料包括:工农业生产布局、工业污染源种类及分布、污染物种类及排放途径和排放量、农药和化肥使用状况、污水灌溉及污泥施用状况、人口分布、地方病等及相应图件(如污染源分布图、行政区划图等)。

三、监测项目

土壤监测项目应根据监测目的确定。背景值调查研究是为了了解土壤中各种元素的含量水平,要求测定项目多。污染事故监测仅测定可能造成土壤污染的项目。土壤质量监测测定影响自然生态和植物正常生长及危害人体健康的项目。

我国《土壤环境质量标准》规定监测重金属类、农药类及 pH 值共 11 个项目。《农田土壤环境质量监测技术规范》将监测项目分为 3 类,即规定必测项目、选择必测项目和选测项目。规定必测项目为《土壤环境质量标准》要求测定的 11 个项目。选择必测项目是根据监测地区环境污染状况,确认在土壤中积累较多,对农业危害较大,影响范围广、毒性较强的污染物,具体项目由各地自己确定。选择项目指新纳入的在土壤中积累较少的污染物,由于环境污染导致土壤性状发生改变的土壤性状指标和农业生态环境指标。选择必测项目和选测项目,包括铁、锰、总钾、有机质、总氮、有效磷、总磷、水分、总硒、有效硼、总硼、总钼、氟化物、氯化物、矿物油、苯并芘、全盐量。

四、监测方法

包括土壤样品预处理和分析测定方法两部分。分析测定方法常用原子吸收分光光度法、分光光度法、原子荧光法、气相色谱法、电化学分析法及化学分析法等。电感耦合等离子体原子发射光谱分析法、X 射线荧光光谱分析法、中子活化分析法、液相色谱分析法及气相色谱–质谱联用法等近代分析方法在土壤监测中也已应用。

五、农田土壤环境质量评价

运用评价参数进行单项污染物污染状况、区域综合污染状况评价和划定土壤质量等级。

(一)评价参数

用于评价土壤环境质量的参数有单项污染指数、综合污染指数、污染积累指数、污染物超标倍数、污染样本超标率、污染面积超标率、污染物分担率及土壤污染分级标准等。

(二)评价方法

土壤环境质量评价一般以单项污染指数为主,但当区域内土壤质量作为一个整体与外区域土壤质量比较时,或一个区域内土壤质量在不同历史阶段比较时,应用综合污染指数评价。综合污染指数全面反映了各污染物对土壤的不同作用,同时又突出了高浓度污染物对土壤环境质量的影响,适于用来评价土壤环境的质量等级。

第三节　土壤样品的采集与制备

一、土壤样品的采集

采集土壤样品包括根据监测目的和监测项目确定样品类型,进行物质、技术和组织准备,现场踏勘及实施采样等工作。

(一)采样点的布设

1.布设原则

为使布设的采样点具有代表性和典型性,应遵循下列原则:

(1)合理地划分采样单元。在进行土壤监测时,往往涉及范围较广、面积较大,需要划分成若干个采样单元,同时在不受污染源影响的地方选择对照采样单元。

(2)坚持哪里有污染就在哪里布点,并根据技术力量和财力条件,优先布设在那些污染严重、影响农业生产活动的地方。

(3)采样点不能设在田边、沟边、路边、肥堆边及水土流失严重或表层土被破坏处。

2.采样点数量

土壤监测布设采样点数量要根据监测目的、区域范围大小及其环境状况等因素确定。监测区域大且环境状况复杂,布设采样点就要多;监测范围小且环境状况差异小,布设采样点数量就少。一般要求每个采样单元最少设 3 个采样点。多个采样单元的总采样点数为每个采样单元分别计算出的采样点数之和。

3.采样点布设方法

(1)对角线布点法:适用于面积较小、地势平坦的污水灌溉或污染河水灌溉的田块。由田块进水口引一对角线,在对角线上至少分 5 等份,以等分点为采样分点。若土壤差异性大,可增加等分点。

(2)梅花形布点法:适用于面积较小,地势平坦,土壤物质和污染程度较均匀的地块。中心分点设在地块两对角线相交处,一般设 5~10 个分点。

(3)棋盘式布点法:适用于中等面积、地势平坦、地形完整开阔,但土壤较不均匀的田块,一般设 10 个以上分点。此法也适用于受固体废物污染的土壤,因为固体废物分布不均匀,应设 20 个以上分点。

(4)蛇形布点法:适用于面积较大,地势不很平坦,土壤不够均匀的田块。布设分点数目较多。

(5)放射状布点法:适用于大气污染型土壤。以大气污染源为中心,向周围画射线,在射线上布设采样分点。在主导风向的下风向适当增加分点之间的距离和分点数量。

(6)网格布点法:适用于地形平缓的地块。将地块划分成若干均匀网状方格,采样分点设在两条直线的交点处或方格的中心。农用化学物质污染型土壤、土壤背景值调查常用这种方法。

(二) 土壤样品的类型、采样深度及采样量

1.混合样品

如果只是一般了解土壤污染状况,对种植一般农作物的耕地,只须采集 0~20cm 耕作层土壤;对于种植果林类农作物的耕地,采集 0~60cm 耕作层土壤。将在一个采样单元内各采样分点采集的土样混合均匀制成混合样,组成混合样的分点数通常为 5~20 个。混合样量往往较大,需要用四分法弃取,最后留下 1~2kg,装入样品袋。

2.剖面样品

如果要了解土壤污染深度,则应按土壤剖面层次分层采样。土壤剖面指地面向下的垂直于土体的切面。在垂直切面上可观察到与地面大致平行的若干层具有不同颜色、性状的

土层。典型的自然土壤剖面分为 A 层(表层、腐殖质淋溶层)、B 层(亚层、淀积层)、C 层(风化母岩层、母质层)和底岩层。

采集土壤剖面样品时,须在特定采样地点挖掘一个 1m×1.5m 左右的长方形土坑,深度约在 2m 以内,一般要求达到母质或潜水层即可。盐碱地地下水位较高,应取样至地下水位层;山地土层薄,可取样至母岩风化层。根据土壤剖面颜色、结构、质地、松紧度、温度、植物根系分布等划分土层,并进行仔细观察,将剖面形态、特征自上而下逐一记录。随后在各层最典型的中部自下而上逐层用小土铲切取一片片土壤样,每个采样点的取样深度和取样量应一致。将同层次土壤混合均匀,各取 1kg 土样,分别装入样品袋。土壤背景值调查也需要挖掘剖面,在剖面各层次典型中心部位自下而上采样,但切忌混淆层次、混合采样。

土壤剖面点位不得选在土类和母质交错分布的边缘地带或土壤剖面受破坏的地方,剖面的观察面要向阳。

(三)采样时间和频率

为了解土壤污染状况,可随时采集样品进行测定。如需同时掌握在土壤上生长的作物受污染的状况,可在季节变化或作物收获期采集。《农田土壤环境监测技术规范》规定,一般土壤在农作物收获期采样测定,必测项目一年测定一次,其他项目 3~5 年测定一次。

(四)采样注意事项

1.采样同时,填写土壤样品标签、采样记录、样品登记表。土壤标签一式两份,一份放入样品袋内,一份扎在袋口,并于采样结束时在现场逐项逐个检查。

2.测定重金属的样品,尽量用竹铲、竹片直接采集样品,或用铁铲、土钻挖掘后,用竹片刮去与金属采样器接触的部分,再用竹铲或竹片采集土样。

二、土壤样品的加工与管理

现场采集的土壤样品经核对无误后,进行分类装箱,按时运往实验室加工处理。在运输中严防样品的损失、混淆和玷污,并派专人押运。

(一)样品加工处理

样品加工又称样品制备,其处理程序是:风干、磨细、过筛、混合、分装,制成满足分析要求的土壤样品。

加工处理的目的是除去非土部分,使测定结果能代表土壤本身的组成;有利于样品能较长时期保存,防止发霉、变质;通过研磨、混匀,使分析时称取的样品具有较高的代表性。加工处理工作应在向阳(勿使阳光直射土样)、通风、整洁、无扬尘、无挥发性化学物质的房间内进行。

1.样品风干

在风干室将潮湿土样倒在白色搪瓷盘内或塑料膜上,摊成约 2cm 厚的薄层,用玻璃棒间断地压碎、翻动,使其均匀风干。在风干过程中,拣出碎石、砂砾及植物残体等杂质。

2.磨碎与过筛

如果进行土壤颗粒分析及物理性质测定等物理分析,取风干样品 100~200g 于有机玻璃板上用木棒、木滚再次压碎,经反复处理使其全部通过 2mm 孔径(10 目)的筛子,混匀后贮于广口玻璃瓶内。

如果进行化学分析,土壤颗粒细度影响测定结果的准确性,即使对于一个混合均匀的土样,由于土粒大小不同,其化学成分及其含量也有差异,应根据分析项目的要求处理成适宜大小的颗粒。一般处理方法是:将风干土样在有机玻璃板或木板上用锤、滚、棒压碎,并除去碎石、砂砾及植物残体后,用四分法分取所需土样量,使其全部通过孔径为 0.84mm(20 目)的尼龙筛。过筛后的土样全部置于聚乙烯薄膜上,充分混匀,用四分法分成两份,一份交样品库存放,可用于土壤 pH 值、土壤交换量等项目测定用;另一份继续用四分法缩分成两份,一份备用,一份研磨至全部通过 0.25mm(60 目)或 0.149mm(100 目)孔径尼龙筛,充分混合均匀后备用。通过 0.25mm(60 目)孔径筛的土壤样品,用于农药、土壤有机质、土壤全氮量等项目的测定;通过 0.149mm(100 目)孔径筛的土壤样品用于元素分析。样品装入样品瓶或样品袋后,及时填写标签,一式两份,瓶内或袋内 1 份,外贴 1 份。

测定挥发性或不稳定组分如挥发酚、氨态氮、硝态氮、氰化物等,需用新鲜土样。

3.注意事项

制样过程中采样时的土壤标签与土壤始终放在一起,严禁错混,样品名称和编码始终不变。

制样工具每处理一份土样后擦抹(洗)干净,严防交叉污染。

分析挥发性、半挥发性有机物或萃取有机物无须上述制样过程,用新鲜样品按特定的方法进行样品前处理。

(二)样品管理

土壤样品管理包括土样加工处理、分装、分发过程中的管理和样品入库保存管理。

土壤样品在加工过程中处于从一个环节到另一个环节的流动状态中,必须建立严格的管理制度和岗位责任制,按照规定的方法和程序工作,按要求认真做好各项记录。

对需要保存的土壤样品,要依据欲分析组分性质选择保存方法。风干土样存放于干燥、通风、无阳光直射、无污染的样品库内,保存期通常为半年至一年。如分析测定工作全部结束,检查无误后,无须保留时可弃去土样。在保存期内,应定期检查样品储存情况,防止霉变、鼠害和土壤标签脱落等。样品库要保持干燥、通风、无阳光直射,无污染。用于测定挥发性和不稳定组分用新鲜土壤样品,将其放在玻璃瓶中,置于低于4℃的冰箱内存放,保存半个月。

第四节 土壤样品的预处理

一、土壤样品分解方法

分解法的作用是破坏土壤的矿物晶格和有机质,使待测元素进入试样溶液中。常用方法有酸分解法、碱熔分解法、高压釜密闭分解法、微波炉加热分解法等。

(一)酸分解法

酸分解法也称消解法,是测定土壤中重金属常选用的方法。分解土壤样品常用的混合酸消解体系有盐酸–硝酸–氢氟酸–高氯酸、硝酸–氢氟酸–高氯酸、硝酸–硫酸–高氯酸、硝酸–硫酸–磷酸等。为了加速土壤中欲测组分的溶解,还可以加入其他氧化剂或还原剂,如高锰酸钾、五氧化二肌、亚硝酸钠等。

用酸分解样品时应注意:①在加酸前,应加少许水将土壤润湿;②样品分解完全后,应将剩余的酸去除;③若需加热加速分解时,应逐渐升温,以免因迸溅引起损失。

(二)碱熔分解法

碱熔分解法是将土壤样品与碱混合,在高温下熔融,使样品分解的方法。所用器皿有铝坩埚、磁坩埚、镍坩埚和铂金坩埚等。常用的熔剂有碳酸钠、氢氧化钠、过氧化钠、偏硼酸锂等。

碱熔法具有分解样品完全,操作简便、快速,且不产生大量酸蒸气的特点,但由于使用试剂量大,引入了大量可溶性盐,也易引进污染物质。

(三) 高压釜密闭分解法

其缺点是:看不到分解反应过程,只能在冷却开封后才能判断试样分解是否完全;分解试样量一般不能超过 1.0g,使测定含量极低的元素时称样量受到限制;分解含有机质较多的土壤时,特别是在使用高氯酸的场合下,有发生爆炸的危险,可先在 80~90℃ 将有机物充分分解,再进行密闭消解。

(四) 微波炉加热分解法

该方法是将土壤样品和混合酸放入聚四氟乙烯容器中,置于微波炉内加热使试样分解的方法。

由于微波炉加热不是利用热传导方式使土样从外部受热分解,而是以土样与酸的混合液作为发热体,从内部加热使土样分解,热量几乎不向外部传导损失,所以热效率非常高,并且利用微波炉能激烈搅拌和充分混匀土样,使其加速分解。如果用密闭法分解一般土壤样品,经几分钟便可达到良好的分解效果。

二、土壤样品提取方法

测定土壤中的有机污染物、受热后不稳定的组分,以及进行组分形态分析时,需要采用提取方法。提取溶剂常用有机溶剂、水和酸。

(一) 有机污染物的提取

测定土壤中的有机污染物,一般用新鲜土样。称取适量土样放入锥形瓶中,放在振荡器上,用振荡提取法提取。对于农药、苯并芘等含量低的污染物,为了提高提取效率,常用索氏提取器提取法。常用的提取剂有环己烷、石油醚、丙酮、二氯甲烷、三氯甲烷等。

(二) 无机污染物的提取

土壤中易溶无机物组分,有效态组分可用酸或水浸取。例如,用 0.1mol/L 盐酸振荡提取镉、铜、锌,用蒸馏水提取构成 pH 值的组分,用无硼水提取有效态硼等。

(三) 净化和浓缩

土壤样品中的欲测组分被提取后,往往还存在干扰组分,或达不到分析方法测定要求的浓度,需要进一步净化或浓缩。常用净化方法有层析法、蒸馏法等;浓缩方法有 K-D 浓缩器法、蒸发法等。

土壤样品中的氰化物、硫化物常用蒸馏-碱溶液吸收法分离。

第五节　土壤污染的监测内容

一、土壤水分

无论是用新鲜土样还是风干土样测定污染组分时,都需要测定土壤含水量,以便计算按烘干土为基准的测定结果。

土壤含水量的测定要点:对于风干样,用感量 0.001g 的天平称取适量通过 1mm 孔径筛的土样,置于已恒重的铝盒中;对于新鲜土样,用感量 0.01g 的天平称取适量土样,放于已恒重的铝盒中;将称量好的风干土样和新鲜土样放入烘箱内,于(105±2)℃烘至恒重。

二、pH 值

土壤 pH 值是土壤重要的理化参数,对土壤微量元素的有效性和肥力有重要影响。pH = 6.5~7.5 的土壤,磷酸盐的有效性最大。土壤酸性增强,使所含许多金属化合物溶解度增大,其有效性和毒性也增大。土壤 pH 值过高(碱性土)或过低(酸性土),均影响植物的生长。

测定土壤 pH 值使用玻璃电极法。其测定要点:称取通过 1mm 孔径筛的土样 10g 于烧杯中,加无二氧化碳蒸馏水 25mL,轻轻摇动后用电磁搅拌器搅拌 1min,使水和土充分混合均匀,放置 30min,用 pH 计测量上部浑浊液的 pH 值。

测定 pH 值的土样应存放在密闭玻璃瓶中,防止空气中的氨、二氧化碳及酸碱性气体的影响。

三、可溶性盐分

土壤中可溶性盐分是用一定量的水从一定量土壤中经一定时间浸提出来的水溶性盐分。就盐分的组成而言,碳酸钠、碳酸氢钠对作物的危害最大,其次是氯化钠,而硫酸钠危害相对较轻。因此,定期测定土壤中可溶性盐分总量及盐分的组成,可以了解土壤盐渍程度和季节性盐分动态,为制定改良和利用盐碱土壤的措施提供依据。

测定土壤中可溶性盐分的方法有重量法、比重计法、电导法、阴阳离子总和计算法等,下面简要介绍应用广泛的重量法。

重量法的原理:称取通过 1mm 筛孔的风干土壤样品 1 000g,放入 1 000mL 大口塑料瓶中,加入 500mL 无二氧化碳蒸馏水,在振荡器上振荡提取后,立即抽气过滤,滤液供分析测定。吸取 50~100mL 滤液于已恒重的蒸发皿中,置于水浴上蒸干,再在 100~105℃烘箱中烘至恒重,将所得烘干残渣用 15%过氧化氢溶液在水浴上继续加热去除有机质,再蒸干至恒重,剩余残渣量即为可溶性盐分总量。

水土比例大小和振荡提取时间影响土壤可溶性盐分的提取,不能随便更改,以使测定结果具有可比性。此外,抽滤时尽可能快速,以减少空气中二氧化碳的影响。

四、金属化合物

土壤中金属化合物的测定方法与“水和废水监测”中金属化合物的测定方法基本相同,仅在预处理方法和测量条件方面有差异,下面以混酸消解-石墨炉原子吸收分光光度法测定土壤中的镉、铅为例,介绍土壤中重金属污染物的测定步骤。

(一) 土壤样品的消解

采用盐酸-硝酸-氢氟酸-高氯酸混合酸消解。准确称取 0.1~0.3g 已过 100 目尼龙筛的风干土样,于 50mL 聚四氟乙烯坩埚中,用少许水润湿后加入 5mLHCl,于电热板上低温加热消解(<250℃,以防止镉的挥发),当蒸发至 2~3mL 时,加入 5mLHNO₃、4mLHF、2mLHClO₄,加热后于电热板上中温加热约 1h,开盖,继续加热除硅。根据消解情况可适当补加 HNO₃、HF 和 HClO₄,直至样品完全溶解,得到清亮溶液。最后加热蒸发至近干,冷却,用(1+5)HNO₃ 溶解残渣,并加入基体改进剂(磷酸氢二铵溶液)做空白试验。

(二) 绘制标准曲线

配制镉、铅的混合标准溶液,配制镉、铅的标准系列,分别按照仪器工作条件测定镉、铅标准系列的吸光度,绘制标准曲线。

(三) 样品测定及结果计算

按照测定标准溶液相同的工作条件,测定样品溶液的吸光度。

(四) 注意事项

1.为了克服石墨炉原子吸收测定镉、铅的基体干扰,可加入基体改进剂,可适当提高灰化温度,而镉、铅不至于损失,还能减少机体产生的背景吸收。

2.于土壤样品中镉、铅的含量低,在消解过程中应防止器皿的污染。

3.所使用的酸均为优级纯。

4.电热板的温度不宜过高,否则不仅会使待测元素挥发损失,还会使聚四氟乙烯坩埚变形。

第七章 园林绿地系统与植物选择

第一节 园林绿地系统与园林绿地建设

一、人居环境与绿地系统

人居环境或称"人类住区"属于生命活动的过程之一,与地球和生命科学有着密切的联系。科学家把覆盖地球表面的薄薄的生命层,称之为"生物圈"。它是地球上有生命活动的领域及其居住环境的整体。生物圈是地球上最大的功能系统并进行着能量固定、转化与物质迁移、循环的过程。其中绿色植物具有核心的作用。从生态学的基本观点出发,可以将地球生物圈空间大致划分为自然生境和人居环境两大系统。人居环境的空间构成,按照其对于人类生存活动的功能作用和受人类行为参与影响程度的高低,又再划分为生态绿地系统和人工建筑系统两大部分。

二、园林与绿地的关系

绿地是城市园林绿化的载体。园林与绿地属于同一范畴,具有共同的基本内容,但又有区别。

我们现在所称的"园林"是指为了维护和改变自然地貌,改善卫生条件和地区环境条件,在一定的范围内,主要由地形地貌、山、水、泉、石、植物、建筑(亭、廊、阁)、园路、广场、动物等要素组成。它是根据一定的自然、艺术和工程技术规律,组合建造的"环境优美,主要供休息、游览和文化生活、体育活动"的空间境域,包括各种公园、花园、动物园、植物园、风景名胜区及森林公园等。

绿地的含义比较广泛,凡是种植多种植物包括树木花草形成的绿化境域,都可称作绿地。就所指对象的范围来看,"绿地"比园林广泛。"园林"必是绿地,而"绿地"不一定称"园林"。园林是绿地中设施质量与艺术标准较高,环境优美,可供游憩的精华部分。城市园林绿地既包括了环境和质量要求较高的园林,又包括了居住区、工业企业、机关、学校、街道广场等普遍绿化的用地。

三、城市园林绿地系统建设

园林绿化是城市发展建设的重要组成部分,是营造生态城市、建设绿地系统的重要手段,是园林生态环境建设的核心内容。国外许多国家把园林绿化作为保护环境和净化大气的一项重要措施。

(一) 园林绿地建设的指导思想

随着科学的发展,多种学科的相互渗透,检测手段的进步,促进了人们对于园林植物生理功能和对人的心理功能作用等认识的提高。因此,对园林绿化多方面有益作用的视野更加广阔了,人们从过多强调观赏、游憩等作用的观点,提高到保护环境、防止污染、恢复生态良性循环、保障人体健康的观点,从而使城市园林绿化的指导思想产生了一个新的飞跃。

目前我国在园林绿地建设上有两大主要代表观点:一是由园林部门提出的建设"生态园林"的理论;二是由林业部门提出来的建设"城市林业"和"城市森林"的理论。

(二) 城市园林绿地建设发展趋势

自 20 世纪 90 年代以来,在可持续发展理论的影响下,当今国际性大都市无不重视园林生态绿地建设,以促进城市与自然的和谐发展,由此形成了 21 世纪园林绿地的三大发展趋势。

第一,园林绿地系统的要素趋于多元化。园林绿地系统规划、建设与管理的对象正从土地、植物两大要素扩展到山、水、植物、建筑四要素,园林绿地系统将走向要素多元化。

第二,园林绿地系统的结构趋向网络化。园林绿地系统由集中到分散,由分散到联系,由联系到融合,呈现出逐步走向网络连接、城郊融合的发展趋势。城市中的人与自然的关系在日趋密切的同时,城市中生物与环境的关系渠道也将日趋畅通或逐步恢复。概言之,园林绿地系统的结构在总体上将趋于网络化。

第三,园林绿地系统功能趋于生态合理化。以生物与环境的良性关系为基础,以人与自然环境的良性关系为目的,园林绿地系统的功能在 21 世纪将走向生态合理化。

第二节 现代园林绿地系统的定位与构成

一、现代园林生态园林绿地系统的构成

现代园林生态园林绿地系统,泛指城市区域内一切人工或自然的植物群体、水体及具有绿色潜能的空间境域。园林生态园林绿地系统,是与有较多人工活动参与培育和经营的,有社会效益、经济效益和环境效益产出的各类绿地(含部分水域)的集合。它是以生态学、环境科学的理论为指导,以人工植物群落为主体,以园林艺术手法构成的一个具有净化、调节和美化环境的生态体系。在可能的条件下,这个系统同时生产各类园林产品,并且维护生物种类的多样性。从生态学原理出发,生态绿地可涵盖农、林、牧与园林绿化。

具体说来,园林生态园林绿地系统包括:公共绿地(公园、游园、街心花园、专类公园等)、居住区绿地、专用绿地(机关、厂矿、学校庭院绿地)、生产绿地(苗圃、果园等)、防护绿地(城市防护林、防风林、卫生隔离带、水土保持林等)、风景绿地和街道绿地等所有绿地。此外,清洁水体、开敞空间也属于生态绿地范畴。它是集空间、大气、水域、土地、植物、动物、微生物于一体的综合建设。

二、园林生态园林绿地系统的特征

1.系统性园林生态绿地系统是城市系统的子系统,绿地系统与其他子系统构成城市交合系统,各子系统在城市系统中不是孤立存在的,它们之间相互影响,相互作用。

2.整体性园林生态绿地系统中的每一种类型的绿地都具有独特的作用,但整个系统除了能保持自身的作用外,各类绿地之间还融为一体发挥整体的功效。

3.连续性园林生态绿地系统是为满足某些功能而以空间体系存在的,故其具有连续性。

4.动态稳定性绿地系统是一种有生命的系统。因而随着时间季节的更替,绿地系统的内部也发生相应的变化,但整个系统对外却显现着一种稳定性。

5.地域性园林绿地系统从属于城市环境系统,城市有它本身的地域分布。因而,城市可持续发展要求地方文化的技术特征也应反映在园林生态绿地系统规划中。地域性体现了绿地系统的个性。

三、建设园林生态园林绿地系统的原则

城市园林绿地系统一直作为城市建设的主要组成部分之一,所以园林与绿地的规划设计的主要范围是:工厂、企业、街道、广场、居住区、公园及其他各种形式的园林绿地。绿地布局要从人与自然的关系,从改善园林生态系统原理来要求。园林生态园林的建设首先应从功能上考虑形成系统,而不是从形式上考虑。为此,生态园林构建应遵循以下原则:

1.合理进行城市森林系统的规划布局,通过绿地点、线、面、垂、嵌、环、廊相结合,建立园林绿地系统的生态网络。

2.遵循生态学原理,以植物群落为绿地结构单位,构筑乔、灌、草、藤复合群落。

3.以生物多样性为基础,以地带性植被为特征,构建具地域特色的城市森林体系。

4.发挥园林生态园林的园林艺术效果,生态效能与绿化、美化、香化相结合,丰富城市景观。园林绿地建设应运用生态学原理,从群落学的观点出发,建设以乔木为骨架,木本植物为主体,以生物多样性为基础,以地带性植被为特征,以乔、灌、草、藤复层结构为形式,以城乡一体化为格局,以发挥最大的生态效益为目的的园林绿地系统。关键是优化绿地群落的生态结构,而提高绿地系统生物多样性应优先考虑,做好绿化植物材料的规划与培育则是基础。

四、建设园林生态园林绿地系统的必要性

(一) 城市可持续发展的要求

园林绿地系统是决定城市各项功能是否完善、协调,是否能够可持续发展的基础,是城市各功能区块在空间上协调、过渡、有机融合的纽带,必须从区域和城市可持续发展的高度来构筑城市的绿地系统。

(二) 追求生态城市的要求

对人类居住区生态系统的普遍关注,导致了全球化的"生态城市运动"。尽管对生态城市的确切含义学术界尚无明确、统一的解释,但即使在国内追求人与自然的融合、城市与环境的和谐,建设生态城市、山水城市、园林城市的热潮也日益高涨,这就要求必须从生态学的角度来研究园林绿地系统。

(三) 追求城市特色的要求

城市的生命力、城市的竞争力在于其个性。通过园林绿地系统与城市景观系统的结合

来实现城市总体形象的整合、塑造和强化,建设有深厚文化底蕴、有鲜明形象特征的城市。

(四) 以人为本,追求园林绿地复合功能的要求

园林绿地应体现对人的尊重,不仅满足人们的观赏、休闲、娱乐的需要,还应满足人们的健身、交往的需要。园林绿地作为旅游资源的对外开放,为园林绿地的多渠道建设和园林绿地资源的复合化利用提供了新的途径。

第三节 特定环境和用途绿化树种选择

一、特定用途绿化植物的选择

(一) 观花植物

1.观花乔木树种

观花乔木树种树体高大,枝叶繁茂,满树皆花,香气怡人,观赏性极强,是城市园林绿化中最亮丽的一道风景。

适合北方城市地区城市街道应用的观花乔木主要有:山桃、山桃稠李、稠李、山杏、西伯利亚杏、东北杏、刺槐、红花刺槐、栾树、梓树、黄金树、美国木豆树、辽梅杏、暴马丁香、北京丁香、花楸、花红、海棠、杜梨、山梨、山里红、山荆子、红肉苹果、山樱桃、黑樱桃、文冠果、紫花文冠果、乔化鸾枝、乔化麦李、乔化丁香、香花槐、白玉兰等。

2.开花灌木

城市地区街道可以栽植的花灌木有鸾枝、大花黄刺玫、红王子锦带、猬实、四季锦带、小桃红、天女木兰、重瓣白花麦李、重瓣粉花麦李、什锦丁香、红丁香、欧洲荚莲等。

(二) 观果植物

观果植物中多数是既能观花又可观果,这类植物的应用既增加观赏内容又延长观赏期,国外有些先进园林绿化中观果植物是必不可少的。

城市地区可栽培的观果植物主要有:

乔木类水榆、花楸、山楂、山里红、苹果、梨、银杏、稠李、山定子、酸樱桃、东北杏、李、海棠、桃叶卫矛、翅卫矛、短翅卫矛等。

灌木类毛樱桃、榆叶梅、扁核木、郁李、麦李、欧李、扁担木、紫杉、文冠果、忍冬属（Lonice-ra Linn）、枸子木属（Cotoneaster）、接骨木属（Sambucus）等。

藤本类南蛇藤，山葡萄，北五味子，白蔹属（Ampelopsis），猕猴桃（Actinidia）中的软枣子、狗枣子、葛枣子等。

（三）彩叶植物

彩叶植物适宜成片、成丛配置于草坪或常绿树木之前，观赏效果独特。城市地区可用的这类植物有紫叶桃、红叶李、紫叶矮樱、紫叶小檗、金叶风箱果、金叶接骨木、金山绣线菊、金焰绣线菊、花叶锦带等。

（四）适合整形的树种

城市地区易于整形的常绿树种主要有西安桧、丹东桧、北京桧、侧柏、万峰桧、云杉、矮紫杉、爬地柏、砂地柏、朝鲜黄杨、胶东卫矛等。落叶树种中有元宝槭、茶条槭、水蜡、雪柳、小果、紫叶小檗、锦带花、榆、珍珠花、柳叶绣线菊、山里红等。

（五）适合作为绿篱的树种

水蜡、榆树、雪柳、细叶小案、朝鲜黄杨、珍珠绣线菊、茶条槭、元宝槭、桧柏、丹东桧、砂地柏、侧柏、矮紫杉、四季锦带、伞花蔷薇、槎柳。

（六）地被植物

铺地柏、砂地柏、百里香。

（七）垂直绿化植物

综合评价为一级的北五味子、地锦、忍冬、南蛇藤为垂直绿化的首选植物；其次应发展二级的紫藤、山葡萄、软枣猕猴桃、葛枣猕猴桃、狗枣猕猴桃、七角叶白蔹、三叶白蔹、花蓼、五叶地锦、葛藤、杠柳；而蛇白蔹要慎重选用。木通、草白蔹、葡萄其综合效能低，作为垂直绿化树种，室外绿化不提倡选用。

（八）风景林

风景林适用树种较多，有油松、樟子松、华山松、杉松、红皮云杉、红松、桧柏、东北红豆杉、落叶松、日本落叶松、黄花落叶松、核桃楸、枫杨、辽东栎、蒙古栎、槲栎、小叶朴、大叶朴、山楂、刺槐、臭椿、元宝槭、色木槭、茶条槭、栾树、花曲柳、水曲柳、胡枝子、紫穗槐、树锦鸡儿、卫矛、辽东桤木、山刺梅、南蛇藤、石棒绣线菊、毛果绣线菊、软枣猕猴桃、葛枣猕猴桃、狗枣猕猴桃、粉团蔷薇、玫瑰、黄刺玫、黄蔷薇、荷花蔷薇、千山山梅花、京山梅花、紫丁香、欧丁香、红丁香、辽东丁香、小叶丁香、北京丁香、暴马丁香、光萼溲疏、李叶溲疏、大花溲疏等。

(九) 防护林

不同树种的抗风能力差异很大。一般来讲,落叶树强于常绿树;枝叶稀疏、树冠较轻者强于枝叶密集、树冠沉重者;根系深广者强于根系浅弱者;小乔木强于大乔木;而株高 2m 以下的花灌木抗风能力最强。城市地区主要的防护林树种有:油松、桧柏、侧柏、小青杨、小叶杨、旱柳、花曲柳、春榆、榆、加拿大杨、栾树、刺槐、枫杨、新疆杨、小叶朴、黑松、绒毛白蜡、国槐、银杏、侧柏、糖槭、冷杉、核桃楸、槲栎、辽东栎,蒙古栎、稠李、山皂角、黄檗、水曲柳。

(十) 不同季相的观赏树种

1.春季观花树种

东北连翘、山桃、金钟连翘、早花忍冬、迎红杜鹃、长白茶藨、长梗郁李、郁李、李子、山樱桃、榆叶梅、鸾枝、珍珠绣线菊、紫丁香、金茶藨子、兴安杜鹃、重瓣榆叶梅、山杏、东北杏、稠李、李叶溲疏、大花溲疏、光萼溲疏、黄蔷薇、土庄绣线菊、三裂绣线菊、树锦鸡儿、小叶锦鸡儿、紫花锦鸡儿、文冠果、红瑞木、省沽油、刺槐、大字杜鹃、关东丁香、小叶丁香、二花六道木、美丽忍冬、黄花忍冬、金银忍冬、暖木条荚蒾、早花锦带。

2.夏季观花树种

辽东丁香、红丁香、锦带花、京山梅花、东北山梅花、野珠兰、风箱果、刺玫蔷薇、伞花蔷薇、荷花蔷薇、粉团蔷薇、华北绣线菊、毛果绣线菊、紫概、柽柳、沙枣、刺槐、暴马丁香、美国木豆树、鸡树条荚蒾、天女花、玫瑰、水蜡、黄刺玫、珍珠梅、日本绣线菊、栾树、柳叶绣线菊、金老梅、国槐、山槐、黄金树、照白杜鹃、花木兰、北京丁香、银老梅、猬实。

3.秋季观赏树种

观花:胡枝子、短序胡枝子、荆条、大花园锥绣球、日本绣线菊、银老梅、金老梅、花木兰。

观果:金银忍冬、鸡树条荚蒾、大叶小案、细叶小案、水榆、花楸、华北卫矛、桃叶卫矛、山楂、接骨木等。

(十一) 香化树种

刺槐、玫瑰、黄刺玫、黄蔷薇、省沽油、京山梅花、东北山梅花、千山山梅花、天女花、水蜡、金茶藤、沙枣、紫丁香、欧丁香、小叶丁香、北京丁香、暴马丁香、关东丁香、毛丁香、什锦丁香、重瓣欧丁香、白花丁香等。

二、特定环境下绿化植物的选择

(一) 适合于背光地带的耐阴植物

耐阴植物的应用是植物配置中建立复层结构,提高单位面积绿地生态效益的关键措施。适宜城市地区露地栽培的耐阴植物主要有:

1.常绿树木

东北红豆杉、矮紫杉、杉松冷杉、臭冷杉、云杉、侧柏、朝鲜黄杨、胶东卫矛等。

2.落叶树木

连翘、小花溲疏、红瑞木、接骨木、珍珠绣线菊、柳叶绣线菊、珍珠梅、黑樱桃、茶条槭、假色槭、青楷槭、银槭、刺龙牙、朝鲜山茱萸、玉玲花、天女木兰、东陵八仙花、野珠兰、东北扁核木、紫穗槐、胡枝子、短序胡枝子、卫矛、宽翅卫矛、瘤枝卫矛、八角枫、刺五加、迎红杜鹃、大字杜鹃、东北连翘、红丁香、辽东丁香、金银忍冬、黄花忍冬、紫枝忍冬、早花忍冬、长白忍冬、藏花忍冬、接骨木、鸡树条荚蒾、暖木条荚蒾、锦带花、早花锦带、水蜡。

3.藤本植物

花蓼、忍冬、地锦、五叶地锦等。

4.地被植物

木本:爬地柏、砂地柏、百里香。

(二) 耐水湿植物

垂柳、绦柳、杞柳、朝鲜柳、馒头柳、枫杨、赤杨、稠李、山桃稠李、水曲柳、糠椴、紫椴、胡桃楸、沙枣、紫穗槐、柳叶绣线菊、珍珠梅、黄花落叶松、青杨、栾树、水蜡、金老梅、龙爪柳、东北茶藨子、兴安茶藨子、柽柳。

(三) 耐干旱树种

油松、杜松、侧柏、白皮松、刺槐、糖槭、臭椿、紫穗槐、树锦鸡儿、桂香柳、山皂角、枸杞、桑树、加拿大杨、毛果绣线菊、红瑞木、白桦、山楂、山杏、小叶朴、小青杨、榆树、樟子松、槐树。

(四) 耐瘠薄树种

油松、赤杨、侧柏、杜松、榆、桑树、柳、臭椿、海州常山、糖槭、树锦鸡儿、金雀花、黄栌、山里红、桂香柳、枸杞、京山梅花、刺槐、国槐、珍珠梅、毛果绣线菊、柽柳。

（五）耐盐碱树种

绒毛白蜡、火炬树、侧柏、桂香柳、榆、花曲柳、柽柳、刺槐、国槐、紫穗槐、柳树、银中杨、加拿大杨、小叶杨、美青杨、山皂角、臭椿、梓树、山杏、山梨、桑树、树锦鸡儿、枸杞、水蜡、忍冬、丁香、侧柏、枣树、山桃、赤杨。

（六）杀菌力强的植物

这类植物最适于医院、疗养区、住宅区的绿化。其中乔木树种有：油松、白皮松、桧柏、侧柏、华山松、杉松冷杉、紫杉、落叶松、梓树、山核桃、国槐、栾树、臭椿、黄柠、杜仲、银杏、桑树、馒头柳、绦柳、五角枫、火炬树、山杏、山桃、红皮云杉、樟子松、柽柳等。

灌木中有金银忍冬、紫丁香、紫穗槐、珍珠梅、大花圆锥绣球、东陵绣球、黄刺玫、紫叶李、黄栌、丰花月季、接骨木、水蜡、砂地柏、树锦鸡儿等。

藤本有北五味子、地锦、五叶地锦、花蓼等。

建立植物生态适应性和生态功能性的综合评价指标体系进行综合评判，是合理应用选择城市园林绿化植物的重要途径和手段。本节对绿化树种的综合评价，部分树种是从宏观上对各指标因素在程度或能力上的定性或半定量的归类和描述，其结果在很大程度上反映了各植物的综合效能。然而，对特定植物某一特定抗性指标的精确定量化评价，还有待进一步更深入的研究和探索。

城市植物的生存条件迥异于自然野地。一方面，城市人工环境的建成，使人工植物群落中不同层次的配置对园林植物的适生性提出不同的要求。另一方面，园林植物的生态功能也是植物在城市的环境条件的影响下，依据其生长状况和不同树种的生理特性来体现的。因此，城市园林植物生存及生长状况的优劣，既受城市环境因素的制约，又是影响植物生态功能的发挥，进而反馈于对城市环境改善作用大小的基础条件。植物生态适应性同生态功能性的结合研究，符合植物与环境的关系规律，由此产生的综合评价指标，应是合理使用城市园林植物的科学依据。

第四节　草本地被植物与草坪植物的选择

具有高绿量的森林式的群落和开敞的赏心悦目的草本地被植物和草坪是绿化环境的整

体。园林绿化是立体交叉、丰富多彩的,除了栽培花木和优良品种的行道树外,草本地被植物和草坪也占有重要的一席。其既不遮挡阳光,又不遮挡视线,同时又直接覆盖了裸露的地面,它与树木之间存在强烈的生态互补作用,在空间层次上分布不同,相互配置,错落有致,相得益彰。

城市园林绿地植物包括乔、灌、花、草、苔以及水生、攀缘、地被植物等,根据规划设计,合理配置,形成人工生态群落,发挥园林的综合功能——生态效益、社会效益和经济效益。地被植物在乔、灌、草组成的复合层次的自然群落之间起着承上启下的作用,同时又有其所独具的特点。草坪植物从严格意义上说也应该属于地被植物,但通常把草坪植物另列一类。草本地被植物通常指多年生宿根草本花卉即宿根花卉。

地被植物的存在及生长状况,不仅直接影响到城市中的土壤层是否裸露,而且对城市的沙尘来源起着最直接的作用。为此,地被和草坪植物在园林中应用极为广泛。

在应用地被和草坪植物时,必须了解该地的环境因子如光照、温度、土壤酸碱度等,然后选择能够适合该处立地条件的地被植物,根据选用的地被植物的生态习性、生长速度与长成后可达到的覆盖面积与乔灌草合理搭配,才能取得较理想的效果。地被植物增加了绿地的绿量,提高了绿化覆盖率,使绿地中乔、灌、草的层次和营养结构更加复杂和多样化,使生态系统更加稳定,形成复层垂直混交的人工植物群落,从而增大了园林绿地的生态效益。同时,地被植物种类繁多,多姿多彩,使园林绿地的绿化景观效果得以大大地丰富,达到了园林绿地要绿化美化的作用。

一、地被植物

(一) 地被植物和草坪植物的比较

草坪通常指用多年生矮小草本密植,并经人工修剪后形成平整的人工草地。

草坪植物主要是指适应性较强的矮生禾草植物。

地被植物泛指覆盖在地表的低矮植物,其中包括豆科、蔷薇科等多年生草本植物和低矮、匍匐型灌木、藤本植物等。

地被植物和草坪植物一样,都可以覆盖地面、涵养水分。地被植物还有许多优于草坪植物的特点。种类繁多,品种丰富。地被植物的枝、叶、花、果富有变化,色彩万紫千红,季相复杂纷繁,适应性强,可以在阴、阳、干和湿各种不同的环境条件下生长,形成不同的景观效果。地被植物中的木本植物有高低、层次上的变化,而且易于造型修饰成图案。栽植简单,养护管理粗放,生长见效快。栽植草坪对土壤要求严格,需要精耕细作,投入很多,且要专人管理,还要消耗大量的水资源;而地被植物对土壤的抗逆性强,而且绝大多数都是多年生植物,并不需要经常修剪和精心护理。

但地被植物没有草坪植物的平坦纯绿及耐践踏的优点。地被植物和草坪植物在造园中往往相互依存,合理搭配,从而使得地表绿化在统一中又富有变化。

(二)地被植物的分类

地被植物的分布极为广泛,大致可以分为以下几类。

1.多年生草本植物(宿根花卉)

多年生草本植物在地被植物中占有很重要的地位。它们生长低矮,蔓生性强,开花见效快,色彩万紫千红,形态优雅多姿。多年生草本地被植物有红花酢浆草、白三叶草、麦冬、玉簪类、萱草类、鸢尾类等。

2.一二年生草本植物

一二年生草本植物主要取其花开鲜艳,大片群植形成大的色块能渲染出热烈的节日氛围,如:美女樱、一串红、三色堇、矮牵牛等。

3.蕨类植物

蕨类植物在我国分布广泛,特别适合在温暖湿润处生长。在草坪植物、乔灌木不能良好生长的阴湿环境里,蕨类植物是最好的选择。蕨类植物有:木贼、三叉耳蕨、粗茎鳞毛蕨等。

4.蔓藤类植物

蔓藤类植物具有蔓生性、攀缘性及耐阴性强的特点。地锦、五叶地锦、忍冬等,在园林中应用较广泛。

5.矮灌木类

矮灌木植株低矮,分枝多且细密平展,枝叶的形状与色彩富有变化,有的还具有鲜艳果实,且易于修剪造型。常用的有:红叶小檗、金叶女贞、铺地柏、微型月季、百里香等。

(三)地被植物选择标准

一般来说,地被植物有以下4个选择标准:多年生,低矮,常绿,枝叶茂密,覆盖面积大;繁殖容易,耐修剪,生长迅速;抗性强,无毒,无异味;花色丰富,持续时间长或枝叶观赏性好。

(四)耐阴性地被植物

绿化工作对实现城市黄土不露天至关重要,而且任务艰巨。除了充分重视城市中零散隙地的绿化外,对由乔、灌、草组成群落绿地中的"草"包括其他地被植物,要着重筛选耐阴的种类,使植物群落林下的地面也能得到充分覆盖,减少"二次扬尘",改善园林生态环境。

一般来说,耐阴植物包括两类:一是阴性植物,如猴腿蹄盖蕨、荚果蕨、铃兰、玉竹、玉簪类等,它们不喜光照,在荫蔽或全阴环境下生长良好;二是中性植物,如萱草、落新妇等,它们喜阳光充足,但在微阴(花荫、间荫)下生长得更好,表现为叶色加深,叶的长宽变大。

二、地被植物的选择

地被植物在绿化中广泛应用于地被、花坛、花镜,特别是它们具有种类繁多、栽培容易、养护粗放、成本低、见效快、群体功能强、色彩丰富、一次种植多年观赏等特点,在城镇绿化中能起到独特的观赏效果。地被植物不仅是绿化、美化、香化城市的良好材料,而且能净化空气,增进人们的身心健康,调剂和丰富人们的精神生活,因此正确选择和应用地被植物就成为园林绿化中不可缺少的重要一环。

(一)特定用途地被植物的选择

1.适宜城市街道及广场绿化中栽植的宿根花卉

适宜广场栽植的宿根花卉有:荷兰菊、大花荷兰菊、黑心菊、宿根福禄考、长管萱草、三七景天、德景天、长药景天、八宝景天、卧茎景天、重瓣肥皂草、紫萼、丛生福禄考、紫松果菊、地被菊等。

2.适宜城市公园、游园栽植的地被植物

城市公园、游园栽植的地被植物,要求与街道广场的花卉不同。首先要色彩丰富,然后要花期搭配适当,高矮要一致,同时色彩相配协调。常用的种类有:猴腿蹄盖蕨、粗茎鳞毛蕨、荚果蕨、球子蕨、蓝灰石竹、美国石竹、大花剪秋罗、重瓣肥皂草、芍药、三七景天、德景天、八宝景天、卧茎景天、长药景天、落新妇、蜀葵、千屈菜、柳兰、锥花福禄考、丛生福禄考、马薄荷、紫假龙头、婆婆纳、风铃草、大花荷兰菊、大金鸡菊、黑心菊、赛菊芋、金光菊、松果菊、地被菊、长管萱草、大花萱草、东北玉簪、紫萼、白花苏珊玉簪、卷丹百合、山丹百合、郁金香、岩葱、紫花鸢尾、矮紫苞鸢尾、溪荪鸢尾、花菖蒲、德国鸢尾、玉带草等。

(二)特定环境条件下地被植物的选择

1.耐阴

耐阴的宿根花卉可以栽在树下或楼房的蔽荫环境中。主要有玉簪属(Hosta)、鸢尾属(Iris)、连线草、宝铎草、薄叶驴蹄草、黎芦、铃兰、大花萱草、肥皂草、三叶草、玉竹、紫花地丁等。

2.耐潮湿

主要有千屈菜、黄花菜、溪荪鸢尾、花菖蒲、落新妇、朝鲜落新妇、柳兰、薄叶驴蹄草、一枝黄花等。

3.耐干旱

主要有景天属(Sedum)、玉带草、千里光、并头黄芩、丛生福禄考、宿根福禄考、蒙古山萝卜、地被菊、蓝灰石竹、常夏石竹、电灯花等。

4.观赏期长

黑心菊、荷兰菊、金光菊、射干、马蔺、重瓣肥皂草、金鸡菊、宿根福禄考、丛生福禄考、三七景天等。

5.可通过修剪延长观赏期

荷兰菊、黑心菊、早小菊、金光菊、松果菊、大金鸡菊、宿根福禄考、三七景天、肥皂草、紫假龙头花等。这些种类,都可以通过花后修剪,以延长观赏期,或采用提早摘心,以降低植株高度,提高观赏效果。

6.适应不同季节观赏

春季开花:可选用芍药、荷包牡丹、鸢尾、蓝亚麻、溪荪鸢尾、美丽荷包牡丹、丛生福禄考、德国鸢尾、卷毛婆婆纳、冰琼花、白花荷苞牡丹等。

夏季开花:可选用常夏石竹、皱叶剪秋罗、美国薄荷、宿根福禄考、蓝灰石柱、电灯花、风铃草、花叶玉簪、金边玉簪、婆婆纳、长叶婆婆纳、德景天、矮景天、黄金菊、一枝黄花、白花桔梗、石竹、萱草、金针菜、黑心菊、金光菊、天人菊等。

秋季可选择:荷兰菊、早小菊、玉带草、常夏石竹、美丽荷包牡丹、丛生福禄考、紫假龙头、大花荷兰菊、白花玉簪、白花苏珊玉簪等。

7.彩叶植物

草本植物中的彩叶草、紫苏、三色堇、红叶甜菜、观赏甘蓝等。

8.观果植物

石刁柏等。

9.抗性强,耐粗放管理

金鸡菊、天人菊、荷兰菊、黑心菊、蜀葵、早小菊、玉带草、马蔺、射干、肥皂草、重瓣肥皂草、长管萱草等。

10.具杀菌能力

鸢尾属(Iris)、萱草、万寿菊、翠菊、黑心菊、鸡冠花、矮牵牛等。

11.具抗(吸)污能力

美人蕉、马蔺等。

三、草坪植物的选择

在园林绿地系统中,草坪是不可缺少的一个重要组成部分,国内外城市中,草坪的应用很广,在保持水土、美化环境、减少飞尘、改善城市环境方面发挥了很大的作用。

草坪是园林绿化的重要组成部分,如果把绿地中的高大乔木和低矮灌木说成是绿地的骨架,那么,草坪与地被植物就是它的血和肉,它们与骨架一起相互协调,才能共同形成一个完整、健全的植物群落。虽然草坪地被植物在释氧固碳及增湿降温方面的作用对改善大环境的作用来说较树木显得微小,但其在防止水土流失、防尘和缓解局部热岛等方面起着十分重要、积极的作用。通过合理地使用草坪草,可以在创造美的绿色空间的同时起到对大气环境的改善作用。

国内外现代化城市对草坪的发展与研究极为重视,运动场草坪发展迅速,绿茵茵的草坪已广泛应用于足球场、橄榄球场、高尔夫球场等场地。

近几年,我国的草坪业发展迅速,但品种的引进比较盲目,甚至造成种植失败。因此,迫切需要筛选出适合各地城市的自然地理气候条件生长的品种。

目前常用的草坪草有以下几种:匍匐剪股颖、草地早熟禾、白花车轴草、野牛草、早熟禾、黑麦草及羊茅属(Festuca)等。

(一) 绿地草坪

1.冷季型

多年生黑麦草(卡特、德比、爱得威、APM、萨卡尼、丹尼罗、托亚)、草地早熟禾(午夜、美洲王、伊克利、瓦巴斯、新歌来德、纳苏、欧主、巴润、优异、哈哥、享特、纽布鲁、菲尔京、黎明、自由女神)、高羊茅(野马、交战、可奇思、佛浪、猎狗、贝克、蒙托克、维加斯)、紫羊茅(威思达、巴哥纳、兰星顿、安尼赛)、匍匐紫羊茅(那波里、斯米娜)、粗茎早熟禾(达萨斯)、匍匐剪股颖(帕特、潘克劳斯、海滨)。

2.暖季型

结缕草(日本结缕草)、野牛草、白三叶、百脉根、小冠花。

(二) 专用草坪

1.高速公路

中央分车绿带及服务区草坪;同绿地草坪;护坡草坪;无芒雀麦、冰草、结缕草、高羊茅、小冠花、沙棘。

2.飞机场

草地早熟禾、高羊茅、结缕草。

3.水土保持

无芒雀麦、冰草、结缕草、高羊茅、小冠花、沙棘。

(三) 不同生态适应性草坪植物的选择

城市常用的草坪草中,抗寒性能最强的是硬羊茅,其次是高羊茅、草地早熟禾、紫羊茅,最弱的是匍匐剪股颖。耐践踏能力以高羊茅为好,其次顺序为紫羊茅、草地早熟禾、硬羊茅和匍匐剪股颖。耐阴性方面匍匐剪股颖较强,其次是草地早熟禾、紫羊茅、硬羊茅和高羊茅。

草坪的建造也要因地制宜,不能单纯地强调绿期长而否定其他草种的应用。如草地条件好,管理工作也能到位,可以考虑多用一些绿期长的草种,如早熟禾类、剪股颖类等。但如果草地条件较差,又要粗放管理,可以考虑选用野牛草。而结缕草的耐干旱、耐践踏性和管理粗放性是其他草种无法比的。三叶草最适宜建造观赏型、封闭式的草坪,紫羊茅、高羊茅类、细叶美女樱、油沙草、羊胡子草、匍匐剪股颖等更适宜建造林下耐阴型草坪。

第五节 室内绿化植物评价与选择

一、室内绿化植物

(一) 室内植物及其种类

"室内花卉"一般是指适宜在室内较长时间摆放和观赏的植物。它包括观花、观叶、观果植物和仙人掌类及多肉植物。其中以观叶植物为主,它们大都比较耐阴,喜温暖。此外,也包括一些较耐阴的观花或观果的盆栽植物,其不论是草本、木本,还是藤本,统称为室内花卉。从利用形式上通常分盆栽植物、盆景植物和插花植物。

木本的观花果植物大多喜光,大部分花卉如月季、牡丹需要很好的光照条件,只有放在阳光充足处,才能保持艳丽的花色,或可以短时期在阴暗处摆放。长期置于居室内的话,对植物生长不利。草本的观花植物大多是一年生或两年生植物,需常更换,属时令性消耗品。

由于大多数观花果植物只在开花期间观赏性好,花后要移至室外培育,或扔弃,所以相对于观叶植物来说,用途和用量受到一定限制。

居室内观叶植物形态各异,绚丽多姿,四季常青,珍奇、洁净、易养。它们不像观花、观果植物那样只是在生长的某一阶段,即开花或坐果时才有观赏价值,而是能长期生机盎然地给人们展示其叶片的姿态和色彩,不受季节限制。它们往往喜温暖和湿润环境,且大都耐阴,便于室内养护,因而用途最广,用量最大。

(二)室内花卉绿化植物的功能

1.防止化学污染

植物可以净化空气,有利于人体健康。居室空气中的有害气体对人体是有害的,许多室内植物对它们分别有吸收和净化作用,而且对烟灰、粉尘等也有明显的阻挡、过滤和吸附作用。

2.净化室内空气

植物通过光合作用,能够净化空气,而且没有二次污染。

3.调节湿度,释放负氧离子

人在窒闷的房间里感觉憋闷,原因不是室内氧气不足,而是负氧离子奇缺。有许多花草可产生负氧离子。空气负离子能缓解和预防"不良建筑物综合征"。

室内花卉吸收水分后,经叶片蒸腾作用,向空气中散失,能起到湿润空气的作用,可调节空气湿度 6%~9%。室内花卉还会使空气中的负氧离子增加,使人感到清新、愉快。

绿色植物会进行光合作用,吸收空气中的 CO_2,同时放出 O_2。虽然植物也有呼吸作用,吸收 O_2,放出 CO_2,但其吸收的 CO_2 通常比放出的 CO_2 多 20 倍,而使在室内的 CO_2 总量减少,O_2 增多,因而使空气中的负离子浓度增加,使人感觉到空气清新。

植物叶面有无数的气孔,这些气孔可以吸收空气中的二氧化硫、氟、氯等有害气体。植物吸入这些有毒气体,经过新陈代谢,吐出新鲜空气,利于人们健康。

4.减少尘埃

环境学家称大地绿化是"城市之肺",居室绿色植物被称为"生物过滤器"、家庭环境的卫士,可吸收有害气体,吸附尘埃,提高环境质量。

植物对烟灰、粉尘具有明显的阻挡、过滤和吸附作用。植物一片叶子有成千上万的纤毛,能截留住空气中的飘尘微粒和细菌。据统计,居室绿化较好的家庭,室内可减少20%~

60%的尘埃,如天门冬还能消除室内常有的重金属微粒,使室内清新宜人。

5.吸音吸热

植物可在冬天增加温度,夏季降低温度。植物在夏季可降低气温5℃左右,冬天则能升高气温5℃。另外还能吸收热辐射,有效地阻隔、弱化、过滤强光、噪声、粉尘、有害气体对人体的侵害。植物有良好的吸音吸热作用,如在窗口置放大型的植物,可起到隔噪声、吸收太阳辐射的作用。

6.消除细菌

许多适于室内种植的花草具有杀菌功能。据医学专家临床中发现,有300多种鲜花的香味含有不同程度的抗菌素,可以清除空气中的细菌、病毒,能起到消炎、抗癌的作用。据统计,居室绿化较好的家庭,空气中细菌可降低40%左右。

7.环境监测

可用于监测环境的植物很多,如紫鸭跖草能清楚地显示出低强度辐射的危险,平时为淡蓝色的花,当受到放射性元素辐射的时候,它便由蓝色变为粉红色;玉簪在二氮化氢浓度超过50mg/kg时叶面便产生坏死斑;苔藓在二氧化硫浓度为0.017mg/kg时便死亡。此外,唐菖蒲、萱草、郁金香可以监测氟化氢,地衣可监测SO_2,牡丹可监测臭氧。

8.调节神经,消除疲劳

绿色植物能陶冶人的情操,使人精神振奋。据测定,在绿色环境中工作,其效率可提高20%左右。植物的芳香还可以调节人的神经系统,例如丁香、茉莉可使人宁静、放松,放置于卧室有利于睡眠。玫瑰、紫罗兰的香味可使人精神愉快,焕发人的工作欲望;菊花的香味对头痛、头晕和感冒均有疗效;田菊、薄荷可以通窍、醒脑;夜来香、锦紫苏等气味有驱蚊除蝇作用;水仙、桂花、兰花等植物的花香都有益于人的健康。

9.美化环境

植物材料具有形美、线条美和色彩美,以立体、自由、多形态和婀娜多姿、流红溢翠等特色来调节室内空气和色彩,减少空白墙面、开敞空间的单调和空泛,改善装饰材料冷硬和死板,使有机的生命和色彩统一。植物的自然状态与室内几何形的家具形成对比,使光滑而无生气的家具具有生命力,显现出植物的丰富魅力,使居室充满动感和情趣。室内花木、盆景、插花既美化了居室,又提高了居室的品位。在室内培育花木,在家中领略自然风光,一定会给人们春意盎然之感,使人获得美的享受。绿色植物能陶冶人的情操,使人精神振奋。

二、室内生态环境特点与植物选择

从生态学的观点看,植物的生长是与其生境紧密相关的,因此要正确应用室内植物并充分发挥其绿化的生态和观赏效能,就必须紧密结合室内植物的环境来进行适应性研究,离开环境,就不能得到植物适应性的最真实最可靠的结果。

室内环境通常光照不足,空气湿度低,空气不流通,温度较为恒定,不利于植物生长。

就室内绿色植物而言,室内生态环境主要包括空气、光照、温度、水分及土壤。而影响绿色植物生长的生态因子主要有光、温、水、土等。

(一)室内温度的特点

统计表明,室内虽然采用人工供暖和降温手段,但仍受自然温度影响,其温度变化与室外自然温度的年变化规律基本相符,呈相同的抛物线形变化。

全年最高气温在 7 月、8 月,最低气温在 1 月。室内温度全年月均变化较小,最高月温(26℃)与最低月温(12.5℃)相差 13.5℃,这个变化幅度大大低于室外,这一特点比较适于室内植物生长。因为多数室内植物均无明显的休眠期,仅有生长活跃期和不活跃期之分。全年温度波动小,有利于植物生长,并长期保持其观赏价值。

(二)室内湿度的特点

居室是人们生活的环境,不允许有大量水喷洒在室内,故明显受地区气候影响。北方地区冬季干燥,夏季稍好,总的湿度在 50% 左右的水平。

可以看出,室内湿度最高为 7 月、8 月,正是城市的高温多雨季节。低湿月份为 1 月、2 月、12 月的 3 个月份,正是冬季取暖期,比较干燥。室内湿度的年变化与室外相比有明显的不同。室内湿度年均值低,全年湿度变化幅度大。高湿主要集中在 7 月、8 月、9 月的 3 个月中,低湿集中在 1 月、2 月、12 月 3 个月。室外由于受降雪影响,致使 1 月、2 月、12 月的室外湿度明显增高。

室内植物对湿度要求一般较高,这是因为多数室内植物原产地在热带及亚热带高温高湿地区的缘故。有些植物在温室可生长良好而在室内环境则生长不良,其中一个原因就是干燥。这一点可通过筛选耐干燥种类和加强管理解决。

(三)室内光照特点

室内光线弱是植物生长的最大障碍。室内光照明显低于室外和温室。一般室外光照是室内光照的 100 倍以上。室内光照的季节变化无明显规律。室内的光照与室外大不相同,室内多数区域只有散射光,居室内位置不同,天然采光亦不同。天然光在房间里的分布极不均匀。任何一个室内环境中,光照条件均可分成几级,可据此按植物的耐阴性能因地制宜,放在合适的位置。

室内光照除了明显低于室外以外,另一条明显不同于室外的是室内往往有几个小时的补充光照。晚间当室外光线极弱时,室内的灯光作为补充光照可延长光照时间,增加的光照可增加植物的光合作用时间,无疑对植物是有利的。

(四)室内植物选择

建筑设计中建筑热物理要求建筑物室内的温度、湿度尽可能满足人类的舒适度要求。冬天极端最低不低于0℃,夏天极端最高不高于35℃,顶层室内最高温度不大于36.9℃,一般人体所感受的室内最适温度范围为15~25℃,这也是植物生长的最佳温度,这一温度条件可满足多数原产低纬度植物的生长要求。建筑物室内相对湿度,对一部分原产南方的植物略偏干燥,但可采取人为措施弥补。土壤基质更可使用不同材料、配比来解决。因此,室内生态条件对植物生长的主要限制因子是光照,即要选择耐阴植物,因此室内花卉多为阴生植物。

耐阴植物对光照的要求介乎阳性植物与阴性植物之间。阳性植物叶片较小,角质层厚,气孔较多,栅栏组织发达,叶绿素 a 与叶绿素 b 之比较大,在全光照及大于75%的光照条件下生长良好;阴性植物叶片大而薄,角质层较薄,气孔较少,栅栏组织不发达,叶绿素 a 与叶绿素 b 之比较小,在5%~20%的光照条件下能繁茂生长。

在室内栽培观赏植物,只要求能正常生长,并不一定要求长时间在室内繁茂生长。而植物对光照要求有一个下限即光补偿点,在光补偿点上植物可以积累干物质。因此,光补偿点是衡量耐阴程度的重要指标。一般阳性植物光补偿点通常在全光照的3%~5%;阴性植物的光补偿点通常在全光照0~1%。

因此,在选择室内耐阴植物时,首先应考虑其最重要的限制因子——光照条件。住宅的天然采光低于所有类型植物的光补偿点,如果长期陈设植物则生长不良。但是在室内不同部位自然光的分布不是均匀的,其天然照度系数随距窗户的远近而不同,在靠近窗口的部位陈设耐阴植物则可以生长良好。

三、室内耐阴观叶植物的主要种类及其习性

(一)室内耐阴观叶植物

能够在室内条件下长时间或较长时间正常生长发育的,以观赏叶茎部为主的植物,称室内耐阴观叶植物。一般来说,室内绿化中常用花卉为耐阴观叶植物。这主要是因为观叶植

物对光照和肥分的要求不像观果和观花植物那样严格,管理起来比较方便,它们不像观果和观花植物那样只是在生长的某一个阶段——开花或坐果时才有较高的观赏价值。它们最大的特点是不受季节限制,四季常青,可常年观赏并长期发挥生态调节功能。这使它们在室内栽植上占有绝对优势,成为室内装饰和绿化的理想材料。耐阴观叶植物是目前世界上较为流行的观赏植物,用它们作为室内点缀和环境装饰已形成风气。

室内耐阴观叶植物多原产于热带和亚热带雨林中,在原产地多生长在林荫下,比较耐阴,喜好温暖、湿润的环境,在光照和养分方面,较观花和观果类植物的需求要低得多。其特点是:喜半阴或荫蔽环境。一般要遮光50%~80%,在强光直射条件下,叶片容易被灼焦或卷曲枯萎。喜好较高的温度,一般生长适温白天为22~30℃,夜晚为16~20℃,温度过低或过高均不利于其生长和发育。

喜较高的空气湿度,一般空气湿度应在60%以上。湿度过低易造成叶片萎缩,叶缘或叶尖部位干枯。当湿度过低时,可采用喷雾的方法增加空气湿度。

(二) 常见的室内耐阴观叶植物的主要种类

室内观叶植物种类很多,多产于热带、亚热带地区,不耐寒;仅有少数种类产在温带地区。常见的观叶植物有下列几大类:棕榈类植物、蕨类植物、天南星科植物、凤梨科植物、秋海棠类植物、龙舌兰科植物(龙血树类)、竹芋类等。

四、室内植物适应性综合评定

探讨室内植物的适应性是一个复杂的生态研究过程。一方面植物长期以来适应的自然环境与室内环境存在微妙的差别;另一方面室内植物的品种繁多,要逐一精细地研究每一种植物在各种不同建筑物内及特定位置的生态适应性,在目前尚不现实。由于植物生长的生态环境条件是多方面的,且相互影响,因此我们抛弃环境影响的一般途径,从实际应用出发,综合光照和温度等单项因子对植物的影响,研究植物在应用中(特别是典型环境下)的适应性,为选择室内适宜耐阴植物提供科学依据。

为了评定室内植物的综合适应性,将耐阴性、耐高温(高温耐性)、耐低温(低温耐性)、湿度要求、适宜光照5个单项因子作为指标因子,并据室内的具体生态环境条件与特点确定了相应的等级标准,对100种室内植物的生态功能和生态适应性进行了综合评价。

(一) 耐阴性

耐阴植物对非适宜光照的耐受能力表现出种或品种间的差异。通过对100余种供试室内植物的观察测定,结果表明大部分耐阴植物生长适宜的光照是 3 000Lux 左右。在 3 000Lux 以下的弱光照条件下,则观赏品质下降。而有一部分植物如蕨类、天南星及竹芋科等植物的适宜光照是 1 000Lux 左右,这类植物在 3 000Lux 以上的较强光照下,反而观赏品质下降。但在沈阳地区,室外光照为 26 300.6Lux,室外光照是室内光照的 100 倍左右。一般建筑的室内光照大多在 300Lux 以内,因此耐阴植物对非适宜光照的观察主要考虑在 300Lux 以下弱光条件下的耐受能力。依据耐阴植物在 300Lux 以下光照条件下观赏价值保持时间的长短,可将其耐阴性划分为 4 个等级。

1 级:耐阴性差。需要充足光照,才能正常生长。半个月以内观赏品质严重下降。

2 级:耐阴性中等。需要散射光照,观赏价值可维持 1~2 个月。

3 级:耐阴性较强。在半阴处生长,观赏价值可维持 2~5 个月。

4 级:耐阴性极强。忌阳光直射,可较长期在庇荫处生存,观赏价值可维持 5 个月以上。

(二)耐高温(高温耐性)

北方城市最热(7 月)月平均温度 23.5℃,极端最高温度 38.3℃。室内极端最高温度 30~35℃,在此温度条件下,部分耐阴植物生长停止或减缓。依据在此室内条件下的生长及观赏属性的变化,将耐阴植物的高温耐性分为 4 级。

1 级:耐性差。生长停止或休眠,观赏价值丧失。

2 级:耐性中等。生长停止,外观发生较明显变化如卷叶、叶缘枯焦,但能安全越夏。如精心管理,经常喷水降温,观赏价值可不受影响。

3 级:耐性较强。生长正常或停止,外观不发生不可逆影响,中午稍有萎蔫或卷叶,不产生焦叶或落叶现象。

4 级:耐性强。生长正常,外观无变化。

(三)耐低温(低温耐性)

北方城市最冷(1 月)月平均温度为 -12.5℃,极端低温多在 1 月,绝对最低气温可达 -33.1℃,但室内平均最低温度在 5℃ 左右(无暖气供暖或供暖差的)。依据室内植物在普通室内的表现,可将其低温耐性分为 4 级。

1 级:耐性较差。耐低温下限为 8~10℃。温度过低时叶片萎蔫枯焦,茎干自顶端回枯,整株死亡,这类植物在普通家庭不能越冬。

2 级:耐性中等。耐低温下限为 5~6℃。在普通家庭与低温室内不能安全越冬,严寒时须采取一定措施方可越冬。

3级:耐性较强。耐低温下限2~4℃。在普通家庭与低温温室可安全越冬。

4级:耐性极强。耐低温下限0~2℃。遇到偶然性低温变化能安全度过。

(四) 适宜光照

适宜光照即是指室内耐阴植物能正常生长的光照。不同的种类有不同的适宜光照。根据对110种耐阴植物的适宜光照观察,可分为4级。

1级:300Lux以下;2级:300~1 500Lux;3级:1 500~3 000Lux;4级:3 000Lux以上。

(五) 湿度要求

室内湿度较室外稳定,对于要求湿度高的耐阴植物可用人工洒水等方法解决。依据室内植物在室内对湿度的适应性观察,分为4级。

1级:极耐干旱。能够长时间忍受干旱条件,忌潮湿。

2级:喜干怕湿。喜6%以下的空气湿度。

3级:中间类型。对干湿要求不很严格。空气湿度在20%~50%。

4级:喜高湿环境。须经常喷水。湿度要求在60%以上。

依室内植物对以上各因子适应性判断等级标准。根据植物的生态习性,经过对100种室内植物的耐性观察与分析,并综合前人的部分研究结论和园林工作的实践总结,建立了常见室内植物应用的生态适应性综合评定指标。

第八章 园林生态改造规划与设计

第一节　园林生态规划

一、园林生态规划的含义

园林生态规划是指运用园林生态学的原理,以区域园林生态系统的整体优化为基本目标,在园林生态分析、综合评价的基础上,建立区域园林生态系统的优化空间结构和模式,最终的目标是建立一个结构合理、功能完善、可持续发展的园林生态系统。生态规划与园林生态规划既有差异也有共同点,生态规划强调大、中尺度的生态要素的分析和评价的重要性,如城市的生态规划、景观生态规划;而园林生态规划则以在某个区域生态特征的基础上的园林配置为主要目标,如对城市公园绿地、广场、居住区、主题公园、生态公园、道路系统等的规划。

以园林生态学为指导的园林绿地系统规划十分注重融合生态学及相关交叉学科的研究成果,在城市绿地系统规划中应该运用生态学的原理,从绿地系统的布局结构上、绿地的数量上,以及植物配置的原则上注重绿地生态效益的综合发挥,以提高城市绿地对城市生态环境的改善作用。城市绿地系统规划要将生物多样性保护作为工作内容之一,要突出区域特征,强调改善生物多样性及生态环境,实现城市区域社会、经济、环境和空间发展的有机结合,用战略的眼光构建一体化的绿地空间结构和分工协作的绿地功能结构,发现、利用、创造新的景观形态和空间载体。

城市园林绿地是为人服务、为城市服务的,满足城市生产、生活安全的要求。城市绿地系统规划必须考虑现在的需要与未来发展的和谐、绿地与其他建设用地的和谐、绿地发展与人口增加的和谐。

所以,要倡导在城市园林绿地系统规划中融入生态学和园林规划学的思想,使城市园林绿地规划与园林生态规划实现有机结合,对城市绿地系统的布局进行深入的分析与研究,使建成的城市园林绿地不仅外部形态符合美学规律以及满足居民日常生活行为的需求,同时其内部和整体结构也符合生态学原理和生物学特性要求,城市绿地系统在城市复合生态系统中肩负着提供健康、安全的生存空间,创造和谐的生活氛围,发展高效的环境经济,以实现城市可持续发展的使命。

二、园林生态规划的原则

生态园林城市的设计不仅要注重其观赏性和艺术美,更要注重其生态服务功能,为进一步构建人与自然和谐发展的城市环境服务。因此,在城市园林生态规划中应遵循以下原则。

(一)整体性原则

园林生态规划应遵循整体性原则:第一,要保证相当规模的绿色空间和绿地总量,要充分尊重城市原有的自然景观和人文景观;第二,要增加园林绿地的空间异质性,合理进行植物配置,构筑稳定的复层混合立体式植物群落,提高环境多样性和多维度,丰富物种多样性;第三,要合理布置城市绿地空间布局,构筑生物廊道,重视城郊绿化,完善园林绿地系统结构与功能;第四,要提高绿地的连接度,为边缘物种提供生境,注重保护郊区大面积绿地。通过生物通道的合理设计和建造来维持景观稳定发展,保持物种多样性。

(二)生态位原则

通俗地讲,生态位就是生物在漫长的进化过程中形成的,在一定时间和空间拥有稳定的生存资源(食物、栖息地等),进而获得最大生存优势的特定的生态定位。

生态位理论在认识种间、种内竞争和森林群落结构及演替的生理生态机制等方面已被广泛应用于植物群落作为植物群对环境梯度的集合体,其自身的生态特性也随着环境梯度的变化呈现出一定的变化规律,这深刻揭示了种与环境的必然联系。生态位理论对于指导林业生产和植物种群改良具有实践意义。在林业上进行种间配置时,应该考虑各个种群的生态位宽度、种群之间的生态位相似性比例和生态位重叠,以及它们之间是否有利用性竞争的生态关系。如果是竞争性的生态关系,那么至少要求将某一维度的资源不要重叠。在生态园林城市建设过程中,由于不同植物的生长速度、寿命长短以及对光、水、土壤等环境因子的要求不同,在城市园林绿地的植物配置中应遵循生态位原则,充分考虑物种的生态特征,合理选配植物种类,避免物种间直接竞争,形成结构合理、功能健全、种群稳定的复层群落结构,以利于物种间互相补充,既充分利用环境资源,又能形成优美的景观。城市中空气污染、土壤理化性能差等因素不利于园林植物的生长,所以在植物选择上应以适应性较强的乡土树种为主。乡土树种的生命力和适应性强,能有效地防止病虫害暴发,能较快地产生生态效益,体现地方特色。同时园林植物选择还要根据绿地性质和地域环境要求形成不同的植物群落类型。例如:在污染严重的工厂应选择抗性强、对污染物吸收强的植物种类;在医院、疗养院应选择具有杀菌和保健功能的种类;街道绿化要选择易成活,对水、土、肥要求不高,耐修剪、抗烟尘、树干挺直、枝叶茂盛、生长迅速而健壮的树;水体边绿化要选择耐水湿的植物,要与水景协调等。

在城市生态环境建设中人类通过高效合理利用现存生态位、开发潜能生态位、引进外部生态因子增加生态位的可利用性、定向改变基础生态位等途径,最大限度地开发、组合、利用各种形式的时间、空间生态位,使地面和空间的土地、空气、光能、水分等环境资源得到充分合理的利用,使经济效益、生态效益和社会效益统一起来,创造高效的生态位效能。

(三)自然优先原则

自然有它的演变和更新的规律,同时具有很强的自我维持和自我恢复能力,生态设计要充分利用自然的能动性使其维持自我更新,减少人类对自然影响的同时,带来了极大的生态效益。保护自然景观资源和维持自然景观生态过程及功能,是保护生物多样性及合理开发、利用资源的前提,是景观持续性的基础。自然景观资源包括原始自然保留地、历史文化遗迹、森林、湖泊以及大的植物斑块等,它们对保持区域基本的生态过程和生命维持系统及生物多样性保护具有重要意义。

城市园林绿地规划建设应将人工要素和自然要素有机地结合,构建多样化的园林植物景观,从市民生存空间和自然过程的整体性与连续性出发,重视绿地的镶嵌性和廊道的贯通性。不仅要在人口密集的城市中心区发展绿地,同时还要大力发展郊区的公园绿地风景区和生态林地,要十分重视道路林网、水系绿化等生态廊道建设,形成林路相连、林水相映、林园相依、城郊一体的点、线、面结合的城市生态网络体系。

地带性植被是最稳定的植被类型,它是在大气候条件下形成和发展的。规划种植的植物必须因地制宜、因时制宜,要借鉴地带性植被的种类组成、结构特征和演替规律,以乔木为骨架,以木本植物为主体,在城市中艺术地再现地带性植被类型。此外,城市的自然地理因素是重要的景观资源和生态要素。城市园林生态系统规划应充分利用这些要素,因地制宜地组织由城市景观廊道及各类斑块绿地构成的、完整的、连续的城市绿地空间系统。

（四）生物多样性原则

生物多样性是指生命有机体及其赖以生存的生态复合体的多样性和变异性，包括遗传基因的多样性、生境的多样性和生态系统多样性三个层次，生态规划时应综合考虑各个层次的多样性。多样性维持了生态系统的健康和高效，因此是生态系统服务功能的基础，与自然相结合设计就应尊重和维护其多样性，保护生物多样性的根本是保持维护乡土生物与生境的多样性，如何通过景观格局的设计来保持生物多样性，是园林生态规划的一个最重要方面。

随着城市化进程的加剧，城市生物多样性的结构受到了破坏，物种多样性的减少，影响了城市生态环境的协调发展。生态园林强调园林建设与自然生物群落的有机结合，这为保护生物多样性创造了条件。生物多样性是提高城市绿地系统生态功能和城市景观多样性的关键，也是城市绿化景观生态化、多样化、科学化的标志。

（五）以人为本原则

城市绿地空间组织中要贯彻以人为本的原则，满足人的审美需求、对自然生态环境的要求，为人们建起绿色生态屏障，让人们充分享受绿地带来的好处。因此，生态绿地空间的定位、具体的空间规划设计要考虑园林对人类的安全性，并要考虑园林生态系统的安全性，如引进的外来物种是否对系统的稳定造成危害等；还要预计到居民的行为方式和绿地的实用性，布置幼儿、青少年、成年人和老年人各种不同需要的生活和游憩空间，反映一定的文化品位。高品位的绿地规划设计尊重和保护生态环境的要求。真正的环境艺术创造是与自然友好相处。这样做是实现生态绿地系统规划所要达到的最美好的人居环境目的的重要工作内容，同时说明了居民参与的重要性。

（六）可持续发展原则

可持续发展的基本思想是既能满足当代人的需要，又不能对后代人满足其需要构成危害的发展。这就要求在使用自然资源中提倡减量使用、重复使用、循环使用、保护使用。在规划中尽量合理使用自然资源，尽量减少使用能源；对废弃的土地可通过生态修复得到重复使用；对新建的园林景观，对原有的植物资源要尽量地再利用，减少浪费；促进园林生态系统资源的循环使用，如将枯枝落叶作为肥料归还大自然；充分保护不可再生的资源，保护特殊的景观要素和生态系统，如保护湿地景观、自然水体等。

(七)可操作性和经济性原则

规划的可操作性和经济性是检验规划合理的重要原则。任何园林生态系统的规划必须是可实施的,不能脱离一定的时代经济背景。经济性是指既考虑投资成本的经济性,不可能超越社会的承载力,同时又要追求社会经济效益的最大化。

三、园林生态规划的步骤与内容

(一)园林生态规划的步骤

有关园林生态规划的步骤目前尚无统一标准,一般可概括为以下八个步骤。

1.编制规划大纲

接受园林生态规划任务后,应首先明确园林生态规划的目的,确立科学的发展目标(包括生态还原、产业地位和社会文化发展)。为达到园林生态规划的目的,保证规划的合理,使规划的目的和对象明确,在规划工作展开的前期,应做可行性分析。对于不可能实现的园林生态规划任务应主动放弃;对难以实现的任务,应在反复研究、充分论证的基础上考虑重新立项,或改变规划的目的和对象;对于能够实现的任务,要分析背景,提出问题,编制规划大纲。

2.园林生态环境调查与资料搜集

园林生态环境调查是园林生态规划的首要工作,主要是调查、搜集规划区域的气候、土壤、地形、水文、生物、人文等方面资料,包括对历史资料、现状资料、卫星图片、航拍资料、访问当地人获得的资料、实地调查资料等的搜集,然后进行初步的统计分析、因子相关分析以及现场核实与图件清绘工作,建立资料数据库。

3.园林生态系统分析与评估

主要是分析园林生态系统结构与功能状况,辨识生态位势,评估生态系统健康度、可持续度等,提出自然—社会—经济发展的优势、劣势和制约因子。该步骤是园林生态规划的主要内容,为规划提供决策依据。

4.园林生态环境区划和生态功能区划

主要是对区域空间在结构功能上的类聚和划分,是生态空间规划、产业布局规划、土地利用规划等规划的基础。

5.规划设计与规划方案的建立

根据区域发展要求和生态规划的目标,在研究区域的生态环境、资源及社会条件在内的适宜度和承载力范围内,选择最适于区域发展方案的措施,一般分为战略规划和专项规划两种。

6.规划方案的分析与决策

根据设计的规划方案,通过风险评估和损益分析等对方案进行可行性分析,同时分析规划区域的执行能力和潜力。

7.规划的调控体系建立

生态监控系统,从时间、空间、数量、结构、机理等方面监测人、事、物的变化,并及时反馈与决策;建立规划支持保障系统,包括科技支持、资金支持和管理支持系统,从而建立规划的调控体系。

8.方案的实施与执行

规划完成后由有关部门分别论证实施,并应由政府和市民进行管理和执行。

(二) 园林生态规划的内容

1.生态环境调查与资料搜集

(1)生态环境调查

生态环境的调查内容包括生态系统调查、生态结构与功能调查、社会经济生态调查和区域特殊保护目标调查等。

①生态系统调查包括动、植物物种,特别是珍稀濒危物种的种类、数量、分布、生活习性、生长、繁殖及迁移行为规律;生态系统的类型、特点、结构及环境服务功能;与其他环境因素关系等生态限制因素。

②社会经济生态调查包括社会生态调查和经济生态调查。社会生态调查主要包括人口、环境意识、环境道德、科技、环境法制和环境管理等方面问题。经济生态调查主要有产业结构调查与分析、能源结构调查与分析、经济密度及其分布、投资结构调查与分析等。

③生态结构与功能调查包括形态结构调查、绿地系统结构调查和区域内主要生物群落结构特点及变化趋势调查。形态结构调查的主要内容有景观结构调查、绿地系统结构的调查分析、区域内主要群落结构特点及变化趋势调查分析。绿地系统结构调查主要包括公共绿地、道路绿地、防护绿地、专用绿地、生产绿地等各种绿地所占的比例,乔、灌、草的组合及树种的组合,绿化覆盖率及其分布,以及人均公共绿地等。

④区域特殊保护目标调查须重点关注特殊生态保护目标,有地方性敏感生态目标(如自然景观、风景名胜、地质遗迹、动植物园等)、脆弱生态系统(如荒漠生态系统等)、生态安全区、重要生境(如热带雨林、原始森林、湿地生态系统)等。

（2）调查方法

①搜集现有资料。从农、林、牧、渔等资源部门搜集植物区系及土壤类型地图等形式的资料;搜集各级政府部门有关土地利用、自然资源、自然保护区、珍稀和濒危物种保护的规划或规定、环境功能区划、生态功能规划及确认的有特殊意义的栖息地和珍稀濒危物种等资料。

②现场调查。采用现场踏查考察和网格定位采样分析。

③搜集遥感资料,建立地理信息系统,应用 3S 技术采集大区域、最新最准确的资料和信息。

④借助专家咨询、民意测验等公众参与的方法来弥补数据的不足。

2.生态系统分析与评估

生态系统分析与评估包括生态过程分析、生态潜力分析、生态敏感性分析、环境容量和生态适宜度分析等内容。在具体分析过程中,除对上述调查的内容进行分析外,还要进行生态系统结构和功能分析、生态环境现状分析、生态破坏的效应分析、生态环境变化趋势分析。该步骤是园林生态规划的主要内容,为规划提供决策依据。

3.生态功能区划

生态功能区划是实施区域生态环境分区管理的基础和前提,是进行生态规划的基础。生态功能区划的要点是以正确认识区域生态环境特征、生态问题性质及产生的根源为基础,以保护和改善区域生态环境为目的,依据区域生态系统服务功能的不同、生态敏感性的差异和人类活动影响程度,分别采取不同的对策。综合考虑生态要素的现状、问题、发展趋势及生态适宜度,提出工业、农业、生活居住、对外交通、仓储、公建、园林绿化、游乐功能区的综合划分以及大型生态工程布局方案。例如,在城市规划时,根据城市功能性质和环境条件而划分为居民区、商业区、工业区、仓储区、车站及行政中心区等。

由于生态环境问题形成原因的复杂性和地方上的差异性,使得不同区域存在的生态环境问题有所不同,其导致的结果也可能存在较大的差别。这就要求在充分认识客观自然条件的基础上,依据区域生态环境主要生态过程、服务功能特点和人类活动规律进行区域的划分和合并,最终确定不同的区域单元,明确其对人类的生态服务功能和生态敏感性大小,有针对性地进行区域生态建设政策的制定和合理的环境整治。生态功能区划应充分考虑各功能区对环境质量的要求及对环境的影响。具体操作时,可将土地利用评价图、工业和居住地适宜度等图样进行叠加、综合分析,进行生态功能区划。生态功能区划必须遵循有利于经济和社会发展、有利于居民生活、有利于生态环境建设这三个原则,力求实现经济效益、社会效益、生态效益的统一。

4.环境区划

环境区划是生态规划的重要组成部分,应从整体出发进行研究,分析不同发展时期环境污染对生态状况的影响,根据各功能区的不同环境目标,按功能区实行分区生态环境质量管理,逐步达到生态规划目标的要求。其主要内容包括:区域环境污染总量控制规划,如大气污染物总量控制规划、水污染物总量控制规划等;环境污染防治规划,如水污染防治规划、大气污染防治规划、环境噪声污染规划、固废物处理与处置规划、重点行业和企业污染防治规划等。

5.人口容量规划

人类的生产和生活对区域及城市生态系统的发展起决定性作用。人口容量规划的研究内容包括人口分布、密度、规模、年龄结构、文化素质、性别比例、自然增长率、机械增长率、人口组成、流动人口基本情况等。制订适宜人口环境容量的规划是城市生态规划的重要内容,将有助于降低按人口平均的资源消耗和环境影响,节约能源,充分发挥城市的综合功能,提高社会、经济和环境效益。

6.产业结构与布局规划

合理调整区域及城市的产业布局是改善区域及城市生态结构、防治污染的重要措施。城市的产业布局要符合生态要求,根据风向、风频等自然要素和环境条件的要求,在生态适宜度大的地区设置工业区。各工业区对环境和资源的要求不同,对环境的影响也不一样。在产业布局中,隔离工业一般布置在城市边远的独立地段上;污染严重的工业布置在城市边缘地带;对那些散发大量有害烟尘和毒性、腐蚀性气体的工业,如钢铁、水泥、炼铝、有色冶金等应布置在最小风频风向上、下风侧;对于那些污水排放量大,污染严重的造纸、石油化工和印染等企业,应避免在地表水和地下水上游建厂。

7.园林绿地系统规划

园林绿地系统是区域生态系统中具有自净能力的组成部分,对于改善生态环境质量、丰富与美化景观有重要的作用。近年来,人们对绿地系统的认识已从过去把园林绿化当作单纯供游览观赏和景观装饰向着改善人类生态环境、促进生态平衡的方向转化,向城乡一体化绿化建设的方向转化;从过去单纯应用观赏植物,向着综合利用各类资源植物的方向转化。因此,城市生态规划应根据区域的功能、性质、自然环境条件与文化历史传统,制定出城市各类绿地的用地指标,选定各项绿地的用地范围,合理安排整个城市生态绿地系统的结构和布局形式,研究维持城市生态平衡的绿量(绿地覆盖率、人均公共绿地等),合理设计群落结构,选配植物,并进行绿化效益的估算。

制订区域生态绿地系统规划,首先必须了解该区域的绿化现状,对绿地系统的结构、布局和绿化指标做出定性和定量的评价,然后按以下步骤进行生态绿地系统规划:①确定绿地系统规划原则;②选择和合理布局各项绿地,确定其位置、性质、范围和面积;③拟定绿地各项定量指标;④对原绿地系统规划进行调整、充实、改造和提高,并提出绿地分期建设及重要修建项目的实施计划,以及划出需要控制和保留的绿化用地;⑤编制绿地系统规划的图样及文件;⑥提出重点绿地规划的示意图和规划方案,如果有需要,可提出重点绿地的设计任务书。

8.自然资源开发利用与保护规划

在区域建设与经济发展过程中,普遍存在对自然资源的不合理使用和浪费现象,导致了人类面临资源枯竭的危险。因此,区域生态规划应根据国土规划和区域规划的要求,依据社会经济发展趋势和环境保护目标,制订自然资源合理利用与保护的规划。其主要内容包括水资源和土地资源保护规划(包括城镇饮用水源保护规划),生物多样性保护与自然保护区建设规划,区域风景旅游、名胜古迹、人文景观等重点保护对象,确定其性质、类型和保护级别,提出保护要求,划定保护范围,制定保护措施。

9.制订区域环境管理规划

主要内容有建立和健全区域环境管理组织机构的规划意见,区域范围环境质量常规监测以及重点污染源动态监测的规划意见,区域实施各项环境管理制度的规划设想,区域环境保护投资规划建议等。

第二节　园林生态设计

一、园林生态设计的原则

(一)协调、共生原则

协调是指保持园林生态系统中各子系统、各组分、各层次之间相互关系的有序和动态平衡,以保证系统的结构稳定和整体功能的有效发挥。如豆科和禾本科植物、松树与蕨类植物种植在一起能相互协调、促进生长,而松和云杉之间具有对抗性,相互之间产生干扰、竞争,互相排斥。

共生是指不同种生物基于互惠互利关系而共同生活在一起,如豆科植物与根瘤菌的共生、赤杨属植物与放线菌的共生等。这里主要是指园林生态系统中各组分之间的合作共存、互惠互利。园林生态系统的多样性越丰富,其共生的可能性就越大。

(二)生态适应原则

生态适应包括生物对园林环境的适应和园林环境对生物的选择两方面。因地制宜、适地适树是生态适应原则的具体表现。城市热岛效应、城市风及城市环境污染常改变城市的生态环境,给园林植物的适应带来障碍。因此,在进行园林生态设计时必须考虑这种现状。同时,环境决定园林植物的分布,温暖湿润的热带及亚热带地区,环境适宜,植物种类丰富,可利用的园林植物资源也丰富;而寒冷干旱的北方地区,植物种类明显减少。

乡土物种是经过与当地环境条件长期的协同进化和自然选择所保留下来的物种,对当地的气候、土壤等环境条件具有良好的适应性。园林生态设计时,应保护和发展乡土物种,限制引用外来物种,使园林生态系统成为乡土物种和乡土生物的栖息地。

(三)种群优化原则

生物种群优化包括种类的优化选择和结构的优化设计两方面。

种类选择除了考虑环境生态适应性以外,还应考虑园林生态系统的多功能特点和对人的有益作用。例如,居民区绿化,应选择对人体健康无害,并对生态环境有较好作用的植物,可适当地使用一些杀菌能力强的芳香植物,以香化环境,增强居住区绿地的生态保健功能。居民区切记不要选择有飞絮、有毒、有刺激性气味的植物,儿童容易触及的区域不要选择带刺的植物。

有针对性地选择具有抗污能力、耐污能力、滞尘能力、杀菌能力强的园林植物,可以降低大气环境的污染物浓度,减少空气中有害菌的含量,达到良好的空气净化效果。

乔、灌、草结合的复层混交群落结构对小气候的调节、减弱噪声、污染物的生物净化均具有良好效果,同时也为各种鸟类、昆虫、小型哺乳动物提供栖息地。在园林生态系统中,如果没有其他的限制条件,应适当地优先发展森林群落。

(四)经济高效原则

园林生态设计必须强调有效地利用有限的土地资源,用最少的投入(人力、物力、财力)来建立健全园林生态系统,促进自然生态过程的发展,满足人们身心健康要求。我国是发展中大国,也是人口大国,土地资源极度紧张,人口压力十分巨大,人均收入居于世界落后水平。又由于近30年经济社会的高速发展,我们忽视了发展经济与保护环境的辩证关系,乱砍滥伐、侵吞耕地、破坏植被、污染水源的现象频繁出现,不少地方人们的基本生存条件都受到威胁,这样的国情不允许设计高投入的园林绿化系统。例如,园林中大量施用化肥、农药、大量设计喷泉、人工瀑布,大规模应用单一草坪和外来物种,大面积种植花坛植物,清除一切杂草等生态工程都是有悖于经济高效的原则的,因而也是不可行的。

二、园林生态设计的范畴

(一) 公园绿地的生态设计

公园绿地是面向公众开放,以游憩为主要功能,兼具生态、美化、防灾等作用的绿地,包括综合公园、社区公园、专题公园、带状公园及街旁绿地。

公园绿地的植物选择首先要保证其成活,特别是在环境条件相对差的条件下,要选择那些适应性较强、容易成活的种类,大量应用乡土植物,形成鲜明的地方特色。尽可能地增加植物种类,促进生物多样性,丰富园林植物景观,保持景观效果的持续性。避免选用对人体容易造成伤害的种类,如有毒、有刺、有异味、易引起过敏或对人有刺激作用的植物。

公园绿地的植物配置要结合当地的自然地理条件、当地的文化和传统等方面进行合理的配置,尽可能使乔、灌、草、花等合理搭配,使其在保证成活的前提下能进行艺术景观的营造,既能发挥良好的生态效益,又能满足人们对景观欣赏、遮荫、防风、森林浴、日光浴等方面的需求。为此,公园绿地植物的时空配置往往要分区进行,并尽可能增加植物种类和群落结构,利用植物形态、颜色、香味的变化,达到季相变化丰富的景观效果,满足不同小区的功能要求。

(二) 生产绿地的生态设计

生产绿地是为城市绿化提供苗木、花草、种子的苗圃、花圃和草圃等园圃地。可依据园林生态设计原则,合理选择、搭配苗木生产种类,优化群落结构,提高土地生产力,并适当进行景观营造,美化园圃地。

(三) 防护绿地的生态设计

防护绿地是城市中具有卫生、隔离和安全防护功能的绿地,包括卫生隔离带、道路防护绿地、城市高压走廊绿带、防风林、城市组团隔离带等,其布局、结构、植物选择一定要有针对性。

(四) 附属绿地的生态设计

附属绿地是城市建设用地中绿地之外各类用地中的附属绿化用地,包括居住用地、公共设施用地、工业用地、仓储用地、对外交通用地、道路广场用地、市政设施用地和特殊用地中的绿地,其生态设计一定要坚持因地制宜的原则,针对性要强。

(五)其他绿地的生态设计

其他绿地是对城市生态环境质量、居民休闲生活、城市景观和生物多样性保护有直接影响的绿地,包括风景名胜区、水源保护区、郊野公园、森林公园、自然保护区、风景林地、城市绿化隔离带、野生动植物园、湿地、垃圾填埋场恢复绿地等。

由此可见,园林生态设计的范畴非常广泛,从公园、附属绿地的生态设计,到生产、防护绿地的生态设计,以及风景名胜区、自然保护区、城市绿化隔离带、湿地、垃圾填埋场恢复绿地的生态设计等均可纳入园林生态规划与设计的范畴。其功能用途不同,生态设计重点自然也应有所区别。

第三节　园林生态系统评价与可持续发展

一、园林生态系统评价

(一)园林生态系统状态评价

生态系统健康是一门研究人类活动、社会组织、自然系统的综合性科学。其具有以下特征:①不受对生态系统有严重危害的生态系统胁迫综合症的影响;②具有恢复力,能够从自然的或人为的正常干扰中恢复过来;③健康是系统的自动平衡,即在没有或几乎没有投入的情况下,具有自我维持能力;④不影响相邻系统,也就是说,健康的生态系统不会对别的系统造成压力;⑤不受风险因素的影响;⑥在经济上可行;⑦维持人类和其他有机群落的健康,生态系统不仅是生态学的健康,而且还包括经济学的健康和人类的健康。

生态系统健康的概念可以扩展到园林生态系统。健康的园林生态系统不仅意味着提供人类服务的自然环境和人工环境组成的生态系统的健康和完整,也包括城市人群的健康和社会健康,为城市生态系统健康的可持续发展提供必要条件。因此,了解园林生态系统的健康状况,找出其胁迫因子,提出维护与保持园林生态系统健康状态的管理措施和途径是非常必要的。

1.评价指标体系建立原则

在建立生态系统健康评价指标体系之前,应该确定指标选择原则。生态系统健康评价指标涉及多学科、多领域,因而种类项目繁多,指标筛选必须达到三个目标:一是指标体系能够完整准确地反映生态系统健康状况,能够提供现代的代表性图案;二是对生态系统的生物物理状况和人类胁迫进行监测,寻求自然压力、人为压力与生态系统健康变化之间的联系,并探求生态系统健康衰退的原因;三是定期地为政府决策、科研及公众要求等提供生态系统健康现状、变化趋势的统计总结和解释报告。园林生态系统在人类的干扰和压力下表现出整体性、有限性、不可逆性、隐显性、持续性和灾害放大性等重要特征。

2.园林生态系统健康的具体评价标准

在生态系统健康提出之后,评价标准一直是生态系统健康评价最困难的问题之一。目前,在具体操作中,所谓健康的生态系统,就是未受人类干扰的生态系统,即在同一生物地理区系内寻找同一生态类型的未受或者少受人类干扰的系统。但在当今人类足迹几乎遍及生物圈各个角落的前提下,这恐怕是难以做到的。另外一条途径是从被评价系统的历史资料中获得在较少受到人类干扰条件下的状态描述,作为健康参照系。然而这种方法仍然是有缺陷的,一是在具有该历史资料的时期,被评价系统是否已受到一定程度的影响难以确定;二是这种历史资料的获得往往是有限的。总之,如何建立一个更合理的评价标准和参照系仍需要大量的工作,并有待从新的角度开拓思路。

生态系统不存在健康标准,即最佳状态。最优化概念在生态系统水平无效,但健康的生态系统可以定义为长期的持续性,但不是一般控制论意义上的稳定状态。生态系统健康标准可以通过这些状态特征和过程来确定,通过将原始和受损生态系统特征的研究相结合而完成。实际上,生态系统本身不存在健康与否的问题,之所以关注生态系统健康是因为生态系统只有处于良好状态才能为人类提供各种服务功能。

为了对园林生态系统健康与否做出准确的评价,必须根据园林生态系统健康的概念来制定相应的标准,并围绕这个标准派生出各种健康状态。绝对健康的生态系统是不存在的,健康是一种相对的状态,它表示生态系统所处的状态。相关研究人员总结出生态系统健康的标准主要包括活力、恢复力、组织、生态系统服务功能的维持、管理选择、外部输入减少、对邻近生态系统的影响及人类健康影响八方面,作为园林生态系统健康的评估,最重要的是活力、恢复力、组织及生态系统服务功能的维持、人类健康五方面。

3.园林生态系统健康评价的四个方向

对园林生态系统健康的综合评价可以从四方面入手:生物学范畴、社会经济范畴、人类健康范畴、社会公共政策范畴。这四方面应综合在一起构成一个完整的体系。对园林生态系统的健康评价,既要从个体角度独立分析,也要对整体进行综合评价。

（1）生物学范畴

从生物学角度评价园林生态系统健康涉及物质循环、能量流动、生物多样性、有毒物质的循环与隔离、生物栖息地的多样性等方面。特别是生态系统失调症状的表现,如初级生产力下降、生物多样性减少、短命的生物种群增多及疾病暴发率上升等。

（2）社会经济范畴

该范畴着眼于一个完全不同的方面,即生态系统与人类社会的关系。生态系统的健康直接关系经济发展,直接或间接地影响人类社会的福利,且部分体现了全球的经济价值。人类经济的发展对地球生态系统带来了很大的压力甚至是起到破坏作用,而由于生态系统弹性下降引起的害虫暴发、作物减产、洪水灾害等也给人类社会带来巨大的财产损失。

（3）人类健康范畴

健康的生态系统必须能够维持人类群体的健康,可以为人类提供清洁的空气、分解吸收废弃物等。没有一个健康的环境就不可能有真正的人类健康,但由于环境恶化,人类健康已受到严重的影响。日趋稀薄的臭氧层将增加人类患皮肤癌的概率,地球温室效应所导致的各种环境变化可能会增加人类的死亡率。在局部区域,生态系统失调症状（EDS）的出现对人类健康有重大影响,直接的影响如通过食物链中有害物质的富集、积聚危害身体健康,间接地影响如农业病害增多导致生态系统生产力下降,食物不足引起人类营养不良和身体抵抗力减弱,最终使人类更易受到疾病的侵害。

（4）社会公共政策范畴

公共政策是处理自然系统与人类活动关系的中介。健康的生态系统需要一套能够有效协调人类与自然关系的政策体系,由于生态系统的服务功能不能完全市场化,因此在制定政策时,往往不能得到足够的重视。而当前的一些公共政策只是用于应付冲突的出现,而不是解决冲突,这种不一致性本身就是生态系统病态的一个前兆。除了有关环境保护的国际协定外,许多国家和地区都已制定了一系列的环境政策来处理环境问题,但对这些政策的效率的研究还有待开展。

4.生态系统健康评价存在的问题

生态系统健康评价存在的问题主要有:

（1）由于生态系统健康的不可确定性,生态系统健康的评价还只限于定性的评价,难以量化。

（2）生态系统健康要求考虑生态、经济和社会因子,但对各种时间、空间和异质性的生态系统而言实在太难,尤其是人类影响与自然干扰对生态系统的影响有何不同还难以确定,生态系统改变到何种程度其为人类服务的功能仍然能够维持,有待于进一步深入研究。

(3)由于生态系统的复杂性,生态系统健康很难概括为一些简单而且容易测定的具体指标,很难找到能准确评估生态系统健康受损程度的参考点。

(4)生态系统是一个动态的过程,有一个产生、成长到死亡的过程,很难判断哪些是演替过程中的症状,哪些是干扰或不健康的症状。

(5)健康的生态系统具有吸收、化解外来胁迫的能力,但对这种能力很难测定其在生态系统健康中的角色如何。

(6)生态系统需要发生多大程度的改变才能不影响它们的生态系统服务,需要进一步深入研究。

(7)生态系统健康的时间尺度以及能够持续的时间,有待进一步深入研究。

(8)生态系统保持健康的策略是什么,有待进一步深入研究。

(9)园林生态系统作为一个自然生态系统与人工结合的特殊的生态系统,如何确保同林生态系统的健康,更好地发挥其服务功能,迄今为止还没有相关报道。如何促进园林生态系统健康,为城市创造一个舒适的环境是现代园林学科所需要研究的内容。

5.提高园林生态系统健康水平的原则

园林生态系统的建设是以生态学原理为指导,利用绿色植物特有的生态功能和景观功能创造出既能改善环境质量,又能满足人们生理和心理需求的近自然景观。在大量栽植乔、灌、草等绿色植物,发挥其生态功能的前提下,根据环境的自然特性、气候、土壤、建筑物等景观的要求进行植物的生态配置和群落的结构设计,达到生态学上的科学性、功能上的综合性、布局上的艺术性和风格上的地方性,同时,还要考虑人力、物力的投入。因此,园林生态系统的建设必须兼顾环境效应、美学价值、社会需求和经济合理的需求,确定园林生态系统的目标以及实现这些目标的步骤等。

(1)尊重自然原则

一切自然生态形式都有其自身的合理性,是适应自然发生发展规律的结果。景观建设活动都应从建立正确的人与自然关系出发,尊重自然,保护生态环境,尽可能小地对环境产生影响。

在园林生态系统中,如果没有其他的限制条件,应适当优先发展自然的森林群落。因为森林能较好地协调各种植物之间的关系,最大限度地利用自然资源,是结构最合理、功能最健全、稳定性强的复合群落结构,是改善环境的主力军;同时,建设、维持森林群落的费用也较低,因此,在建设园林生态系统时,应优先建设森林。在园林生态环境中乔木高度在5m以上,林冠盖度在30%以上的类型为森林。如果特定的环境不适合建设森林,也应适当发展结构相对复杂、功能相对较强的植物群落类型,在此基础上,进一步发挥园林的地方特色和高度的艺术欣赏性。

（2）景观地域性与文化性原则

任何一个特定场地的自然因素与文化积淀都有其特定的分布范围,同样,特定的区域往往有特定的植物群落、地域文化与其适应。也就是说,园林设计时,应先考虑当地的整体环境,结合当地的生物气候、地形地貌进行设计,充分使用当地的建筑材料和植物材料,尽可能保护和利用地方性物种,保证场地和谐的环境特征与物种多样性。例如,每个气候带都有其独特的植物群落类型,高温、高湿地区的热带典型的地带性植被是热带雨林,季风亚热带主要是常绿阔叶林,四季分明的湿润温带是落叶阔叶林,气候寒冷的寒温带则是针叶林。园林生态系统的建设与当地的植物群落类型相一致,即以当地的主要植被类型为基础,以乡土植物种类为核心,这样才能最大限度地适应当地的环境,保证园林植物群落的成功建设。

（3）生态学原则

充分利用生态位、生态演替理论,构建多层次、低养护的植物群落,改善和维护生态平衡,使生态效益和社会效益高度统一。

（4）保护生物多样性原则

生物多样性通常包括遗传多样性、物种多样性和生态系统多样性三个层次。物种多样性是生物多样性的基础,遗传多样性是物种多样性的基础,而生态系统多样性则是物种多样性存在的前提,物种多样性主要反映了群落和环境中物种的丰富度、变化程度或均匀度,以及群落的动态和稳定性,和不同的自然环境条件与群落的相互关系。

（5）整体性优化原则

园林生态系统的建设必须以整体性为中心,发挥整体效应,各种园林小地块的作用相对较弱,只有将各种小地块连成网络,才能发挥最大的生态效益。另外,将园林生态系统作为一个统一的整体,才能保证其稳定性,增强园林生态系统对外界干扰的抵抗力,从而大大减少维护费用。

（6）可持续发展原则

对于注重生态的园林设计而言,设计师借鉴可持续发展与生态学的理论和方法,从中寻找影响设计决策、设计过程的内容,使园林生态系统能够实现可持续发展。

（7）最适功能原则

根据园林生态系统中不同的功能分区,在设计时不仅要考虑植物配置、交通组织、服务设施等,还要考虑文化内涵等,把每一部分的功能充分体现和发挥出来,达到功能最适。如湖南烈士公园的纪念区处理得就比较合理,既结合了地形,又把纪念的氛围突出出来。

（8）美学原则

园林设计时应考虑美学的均衡、协调、韵律、统一原则，这不仅表现在植物景观的观赏特性和时序景观的营造上，也表现在植物与硬质景观的和谐、人群视觉效果和空间效果上等。

（二）园林生态系统服务功能的评价

园林生态系统的服务功能是指园林生态系统与生态过程为人类所提供的各种环境条件及效用。其主要表现在净化环境作用、生物多样性的产生与维持、改善小气候的作用、维持土壤自然特性的能力、缓解各种灾难功能、社会功能、精神文化的源泉及教育功能。

园林生态系统作为一个自然生态系统和人工系统的结合生态系统，既具有生态系统总体的服务功能，又具有其本身独特的服务功能。具体内容至少表现为以下几点：

1.净化环境作用

园林生态系统的净化作用主要表现在对大气环境的净化作用以及对土壤环境的净化作用，维持碳氧平衡、吸收有害气体、滞尘效应、减菌效应、减噪效应、负离子效应等方面。

2.生物多样性的产生与维持

生物多样性是指从分子到景观各种层次生命形态的集合，通常包括生态系统、物种和遗传多样性三个层次。生物多样性高低是反映一个城市环境质量高低的重要标志，生物栖息地的丧失和破碎化是生物多样性降低的重要原因之一。园林生态系统可以营建各种类型的绿地组合，不仅丰富了园林空间的类型，而且增加了生物多样性。园林生态系统中的各种自然类型的引进或模拟，一方面可以增加系统类型的多样性；另一方面可保存丰富的遗传信息，避免自然生态系统因环境变动，特别是人为的干扰而导致物种的灭绝，起到了类似迁地保护的作用。

3.改善小气候的作用

园林生态系统能改善或创造小气候。园林植物通过蒸腾作用，可以增加空气湿度。大面积的园林植物群落共同作用，甚至可以增加降水，改善本地的水分环境。园林生态系统随着其范围的扩大和质量的提高，其改善环境的作用也会随之加大，并在大范围内改善气候条件。

4.维持土壤自然特性的能力

土壤是一个国家财富的重要组成部分，在世界历史上，肥沃的土壤养育了早期的人类文明，有的古文明因土壤生产力的丧失而衰落。今天，世界上约有20%的土地因人类活动的影响而退化。通过合理的营建园林生态系统，可使土壤的自然特性得以保持，并能进一步促进土壤的发育，保持并改善土壤的养分、水分、微生物等状况，从而维持土壤的功能，保持生物界的活力。

5.缓解各种灾难功能

建设良好、结构复杂的园林生态系统,可以减轻各种自然灾害对环境的冲击及灾害的深度蔓延,如防止水土流失,在地震、台风等自然灾害来临时给居民提供避难场所。由抗火树种组成的园林植物群落能阻止火势的蔓延。各种园林树木对放射性物质、电磁辐射等的传播有明显的抑制作用等。

6.社会功能

良好的园林生态系统可以满足人们日常的休闲娱乐、锻炼身体、观赏美景、领略自然风光的需求。幽雅的环境一方面可以在喧嚣的城市硬质景观中,为人们提供一个放松身心、缓解生活压力、安静的休息场所;另一方面,也为人们提供了一个非常重要的社会交往的机会,对促进社会交往和社区健康发挥着重要的职能。

7.精神文化

各地独特的动植区系和自然生态系统坏境在漫长的义化发展过程中塑造了当地人们的特定行为习俗和性格特征,决定了当地的生产生活方式,孕育了各具特色的地方文化,一方水土养一方人就是源于此。城市的文化特色是城市历史发展积累、沉淀、更新的表现,同时也是人类居住活动不断适应和改造自然特征的反映。在城市文化特色中,城市园林是城市文化特色的自然本底,是塑造城市文化特色的基础。园林生态系统在提供给人们休闲娱乐的同时,还可以学习到各种文化,增加个人知识素养,并在自然环境中欣赏、观摩植物,可以对自然界的巧夺天工、生物界的无奇不有而赞叹不已,更能增加人们对大自然的热爱,从而懂得珍爱生命。

在城市中,特别是大型城市中,人们真正与大自然接触的机会较少,尤其是青少年教育中,园林生态系统是进行生命科学、环境科学知识教育的良好、方便的室外课堂,各种园林生物类型,特别是各种植物类型,具有教育的作用,如植物的进化过程、植物对环境的适应类型、植物的力量等,为人们提供了学习的教材。园林丰富的景观要素及物种多样性,为环境教育和公众教育提供了机会和场所。

二、园林可持续发展

(一)可持续发展的生态伦理观

生态伦理即人类处理自身及其周围的动物、环境和大自然等生态环境关系的一系列道德规范。通常是人类在进行与自然生态有关的活动中所形成的伦理关系及其调节原则。

1.生态伦理的内容与核心

就当前生态危机及生态失衡而言,与其说是因为人类没有保护生态环境造成的,倒不如说是因为人类的过度破坏造成的。近代以来,人类活动一直围绕着如何向自然索取更多的资源和能源以生产出更多的物质财富、追求更高水准的生活这一主题。工业文明创造出大量的物质财富,也消耗了大量的自然资源和能源,并产生了土壤沙化、生物多样性面临威胁、森林锐减、草场退化、大气污染等严重的生态后果。因此,维护和促进生态系统的完整和稳定是人类应尽的义务,也是生态价值与生态伦理的核心内涵。从宏观层面来看,与人类未来的生存问题关系最为密切的是生态伦理。

生态伦理成为可能的合理性建构就是"人是目的"。对"人是目的"的合理解读应该是对人的终极关怀。对人的终极关怀不应理解为对人的欲求的满足上,而应是人的需要满足。人的欲求往往带有明显的功利性、现实性、享乐性。人的欲求往往掩盖了人的本质需要,那就是人最终作为种的形式、作为类的存在物延续下去的需要,即人的生存和发展的需要。现实的欲求在很大程度上是人的虚假的需要,最终导致人的自我否定。本质的需求才是真实的需要。当人类以此为出发点来处理人与自然的关系时,生态伦理就有了现实的根据,生态伦理便成了人的伦理,最终也成了人的内在自觉了。

2.生态伦理的特点

(1)社会价值优先于个人价值

为了使生态得到真正可靠的保护,应制定出具有强制性的生态政策。在制定生态政策的过程中,必须处理好个人偏好价值、市场价格价值、个人善价值、社会偏好价值、社会善价值、有机体价值、生态系统价值等价值关系。在个人与整体的关系上,应把整体利益看得更为重要。所谓社会善价值就是有助于社会正常运行的价值;而个人善价值代表的则是个人的利益。可见,生态保护政策不仅触及个人利益与社会利益的关系问题,而且主张社会价值优先于个人价值。

(2)具有强制性

生态伦理无论是在内涵方面还是在外延方面,都不同于传统意义上的伦理。传统意义上的伦理是自然形成的而不是制定出来的,通常也不写进法律之中,它只存在于人们的常识和信念之中。传统意义上的伦理仅仅协调人际关系,一般不涉及大地、空气、野生动植物等。传统意义上的伦理虽然也主张他律,但核心是自觉和自省,不是强制性的。由于生态保护问题的复杂性和紧迫性,生态伦理不仅要得到鼓励,而且要得到强制执行。

(3)扩展了道德的范围,超越了人与人的关系

单靠市场机制,很难确保人类与生态之间的和谐,很难确保正确地对待动植物以及生态

系统,很难确保考虑后代的利益。因而,应通过制定生态保护政策来引导人们转变道德观念。任何政策的落实都需要得到公众认可,生态保护政策更需要公众发自内心的拥护。生态伦理所要求的道德观念,不仅把道德的范围扩展到了全人类,而且超越了人与人的关系。生态政策必须兼顾生态系统的价值,兼顾不同国家间利益的协调。

(4)努力实现人与自然和谐发展

生态危机主要是由于生态系统的生物链遭到破坏,进而给生物的生存发展带来困难所造成的。人类发展史表明,缓和人与自然的关系,必须重建人与自然之间的和谐。第一,控制人口增长,使人口增长与地球的人口生态容量相适应。第二,把改造自然的行为严格限制在生态运动的规律之内,使人类活动与自然规律相协调。改造自然不应是人类对大自然的掠夺性控制,而应是调整性控制、改善性控制和理解性控制,即对自身行为的理智性控制。第三,把排污量控制在自然界自净能力之内,促进污染物排放与自然生态系统自净能力相协调。第四,促进自然资源开发利用与自然再生产能力相协调,为人类的持续发展留下充足空间。人类应摆正自己在大自然中的道德地位。只有当人类能够自觉控制自己的生态道德行为,并理智而友善地对待自然界时,人类与自然的关系才会走向和谐,从而实现生态伦理的真正价值。

3.可持续发展生态伦理观的深入思考

可持续发展生态伦理观的核心思想是强调生态平衡对人类生存、社会发展的积极意义,强调当代人之间以及人与自然的和谐共存原则,强调当代人不应危及子孙后代生存和发展的责任。这是人类社会走上可持续发展之路和实施可持续发展战略、生态伦理理念的必然选择。

在可持续发展生态伦理观中,人与自然是和谐共处的,和谐共处是指人与自然的关系不是单纯地利用和被利用、征服和被征服的关系,而是将人与自然看作一个整体,在这个整体中,人与自然和谐相处、互动共存。尽管其他环境伦理思想包括人类中心主义、动物福利、生物中心、生态中心,它们都不同程度反对在人与自然的关系中人类粗暴地干涉自然、随意破坏生态环境的情景,但只有可持续发展生态伦理观明确提出人、社会与自然的和谐、持续。随着社会不断地向新的文明过渡,经过一代又一代人的不懈努力,可持续发展生态伦理中人与自然的生态道德会逐步得到世人的公认。这种生态道德强调人在地球这样一个巨大的有机生态系统中,人和自然物都是其中不可缺的组成部分。在地球上,一切事物在整个生态系统的金字塔内都是有其存在价值的,一个个体以自身为目的的内在价值,在生态系统中会转变维护其他自然物和系统价值的存在是不可或缺的。人类一旦侵犯或破坏这种不被人感知的价值,整个生态系统将会由此失去动态的平衡。人类是在正当介入和自觉约束的前提下维持人类社会的健康、持续发展的。同传统道德相比,这是一种全新的道德观念,传统的伦理道德只是用以调整人与人之间相互关系的,但生态道德的产生,将伦理道德的视野扩展到了自然,是对传统伦理道德的补充与升华;同超前环境伦理观相比,这可以普遍化的伦理观念,是环境保护的伦理底线,是对其他环境伦理观念的扬弃和超越。

(二) 园林可持续发展的支持体系及其建设

生态绿地格局理论,生态绿地格局要能够满足城市中的绿地生态环境、文化、休闲、景观和防护等诸多功能的要求,并将这些要求作为理论建设的基础和前提。良好的生态绿地格局应当能够顺应城市空气动力学、水文学、热量耗散和人类活动等的规律,并能够让自身发挥出改善生态环境质量等的作用和价值。通过不同功能空间属性的绿地进行区分,营造出树状的网络结构绿地格局,例如,具备静态功能空间属性的结构性绿地和具备动态功能空间属性的过程性绿地,通过区分,能够帮助城市中心的开敞,城市水系和交通、气流和物流进行交流,形成循环的自然脉络。城市绿地生态网络中应当包括绿环、绿带、绿廊、绿心等,并且要布局均匀,流动性强,功能可达性高,体系稳定性好,并要具备空间开放性,特别是要具备布局均衡完整性和功能贯通连续性。

群落营造理论。人工园林植物作为城市园林绿地中的基本结构单位,不仅能够直接对园林绿地整体景观产生影响,而且还能够为实现绿地系统生态功能提供基础和保障。通过对园林植物的群落进行科学、合理的营造,能够促进城市绿地的可持续、高效率、低成本、稳定性以及自维持特征的实现。

(三) 园林可持续发展的技术体系

1.园林科技

开发和采用新树种、新品种。新树种、新品种是园林花苗木行业的栽培利用对象。坚持育种和引种试验、繁殖应用相结合的原则。在引种的同时,强化选种、育种工作,为园林建设培育出一批适应性强、花期长、有特色的品种。新树种和新品种的开发能构成合理的产品结构,适应市场的需要,是本行业新的经济增长点。

利用科学技术发展副业生产。城市园林绿化行业,应积极利用科学技术,发展商品经济,以促进园林绿化事业的发展,进一步推动技术进步,促进生产单位提高技术水平和素质,促进单位经济增长和产业发展。如生产适用、特效的培养土、肥料、营养剂、生物防治媒体,建立综合性的苗木、盆景、花卉、鸟、鱼、虫、种子、肥料、饲料及机械设施等国内外市场,由单一的生产向开拓市场转变,向多元化生产经营转变。

广泛采用新技术、新材料、新工艺能迅速和持续不断地提高园林花苗木行业产量、质量，直接提高经济效益的技术，都应视作新技术。在技术水平上适当，经济上可行，行业能接受的技术，应该广泛采用。新技术更重要的是综合性系列技术、配套技术，它是在单项技术进步的推动下发展起来的。如工厂化育苗技术就是系统化的综合技术。

2.生态学基本原理

(1)乡土植物的应用

乡土植物不仅能够发挥绿地生态功能，而且还能够为城市生物多样性奠定基础。目前我国绿化工作并没有对乡土树种给予关注，而是过度地欣赏、引进一些外来树种。其实乡土树种不仅成本相对较低，而且能够适应本地的气候和环境，具有先天优势，因此，在节约型园林技术体系中，要将乡土植物的应用融入其中。

(2)功能植物群落的应用

在城市园林绿化过程中，要根据不同城市用途，来选择不同的功能性植物群落，例如，观赏型、保健型、文化技术型、科普型、环保型以及卫生保健型等。通过构建吸污型、固碳型的植物群落，能够有效地修复土壤、水体、大气等问题，并能够改善城市环境质量，同时还能够释放大量的空气负离子，能够调节人体内血清素浓度，缓解精神压力，带来轻松愉快的心情。

(3)复层群落绿化模式

通过将乔木层、草本地被层和灌木层等组成群落进行绿化，能够促进城市绿地景观以及生态功能的实现。由于以往并没有对绿化植物的群落结构、配置、特性等进行充分了解，因此并没有将其具体进行应用，导致我国城市绿地群落配置比较单一，且过度为了强调效果，缩减工期，导致植物种类减少，群落结构毫无层次感。因此，要将复层群落绿化模式应用在节约型园林技术体系中，创造出具有层次感和美感的植物景观。

3.园林施工技术

城市园林施工工程的新技术贯穿于园林的植物种植、园林小品、城市园林种植土的选用以及城市园林的植物养护等全过程，在城市园林施工过程中占据着重要的地位。

(1)园林施工原则

提高现代城市园林工程施工新技术使用的科学性。现代城市园林施工新技术直接影响着植物的生长和景观的效果，并且代表着城市园林工程施工的发展趋势。园林施工新技术的发展都是有内在的发展规律可循并且采用的，因此，园林工程建设在提高现有资源利用效率的同时，必须引进大量新技术，同时准确把握园林工程新技术的发展方向，积极探求园林工程施工新技术的内在规律，通过明确目标以及清晰思路来合理、科学地运用园林施工新技术，达到明显的园林景观效果。如在园林道路的施工过程中，必须保证路面的整洁、安全、舒适和耐用,不论路面是采用花岗岩还是砂浆路面等岩石路面等,这些施工都要有合理性。这种要求就是在采用新技术时,合理、科学、成功地运用新技术进行园路路面的施工,必须注重这些内在规律的作用。

增强园林施工新技术的综合运用。在园林施工新技术的采用上必须对园林工程所在地的地域经济环境、地质水文条件、地区的人文环境、整个周边的气候条件以及现有地形地貌等有一个整体的认识,注重园林施工的合理性、科学性和可持续发展性,增强园林施工新技术运用的预见性,并通过现场试验来统筹规划园林施工的全面展开,采用科学论证等多种形式进一步检验新技术的使用效果。

科学合理配置城市园林施工资源。城市园林施工新技术的运用主要是最大限度地发挥有限的湿地、土地、林地等资源在园林施工中的作用,并且要坚持科学、合理配置园林施工资源的原则。运用园林施工新技术的一个重要目的就是园林工程各项资源的配置达到最优,合理配置有限的资源,从而实现城市园林施工的可持续发展。如在园林施工的实践中,采用低耗费、高产出的施工技术来取代高耗费、低产出的施工技术,园林施工新技术的采用要经得起时间的考验。园林灌溉技术要从传统的大水漫灌向喷灌、滴灌等方向实现新技术的转换,充分体现高效节水的特点,园林灌溉新技术的采用可以在减少水资源耗费、有效节约水资源的基础上确保园林植物的用水需求。大胆探索新的园林施工技术,最大限度使现有的园林资源得到有效利用,寻求突破,对各类资源及时进行科学并且合理的分类,使园林工程所需植物、灌溉,以及城市园林工程的建设、养护等各项资源达到最佳的配置。在实践中检验新技术的效果,通过园林工程新技术的采用,不断提高土地、水等资源的利用水平以及利用效率,针对园林工程施工新技术运用的效果,注重解决城市园林施工新技术的运用同传统技术运用之间的矛盾,实现资源配置的最优化,最终确定在城市园林施工中采取何种技术才能充分利用现有资源。

(2)摒弃园林工程中不利于可持续发展的因素

栽植树木今后的发展和利用问题,是园林事业的可持续发展问题。而在当前的园林建设工作中,存在许多不合理的做法。

①片植:片植增加的是绿量,浪费的是资源。其施工技术简单,工程量大,最容易获利,但片植严重违背植物的自然生长规律,限制了植物的地上地下生长空间,养护成本大,需要经常修剪,植物寿命不长,造成资源浪费,增加经济成本。除非十分必要,否则尽量少用。

②草花:草花是城市色彩最直接和有效的手段,但高成本是不利于绿化事业的可持续发展的。有资料统计,每平方米草花全年的费用,大约是一般绿地的 50 倍。应尽量在一般的地块多用宿根花卉或是地产的可自播的花卉。

③树种:要纠正外来树种比本地树种好的偏见。植物都有生态效益,怎么种植、养护决定其美观效果。要提倡多用乡土植物,少用外来植物,以降低维护成本。

④土壤与施肥:植物地上部分出问题,主要是由于土壤中的养分不能满足植物需要所致。没有好的土壤,就长不出好的植物。一方面要尽力争取使用符合要求的种植土,另一方面要对绿地土壤进行改良。对植物适时施肥,以满足正常生长所需的营养需求。

⑤地被草坪:从园林传统文化上和生态功能乃至综合成本上,草坪在城市绿化中大量使用并不适合中国国情。应提倡和推广用地被植物替换草坪,如麦冬、金银花、虎耳草、红花酢浆草、鸢尾、常春藤、吉祥草等。

⑥植物资源再利用:对于城市植被密度过大的问题,可以通过人工方式解决其竞争压力。可以通过疏移的办法,解决植物竞争的问题,另外可以充分地利用植物资源。

4.旅游开发及多种经营

园林绿化与旅游有着天然的联系,从具体的旅游活动来说,人们的旅游目的各不相同,但欣赏自然风光、游览名胜古迹通常是主要的旅游目的。在市场经济条件下,城市园林资源有商品属性和价值,可以作为一种特殊生产资料与旅游业一起参与市场经济运行,为旅游业创造经济收入,旅游业通过对自己的生产资料——城市园林资源进行投资,使资源的质量和旅游价值不断提高。实践证明,通过开发吸引了许多经济开发商参与投资,弥补了政府投资的不足。但目前大部分开发商的积极性主要在于营利性项目和局限于单位内部,未形成公益事业的投资主体,应采取措施对各开发商及投资者进行积极引导。

在不影响城市园林生态效益、社会效益正常发挥的前提下,从方便游客的角度出发开展适当的娱乐活动和饮食服务活动,并利用自身资源进行生产型加工活动,为社会提供多种物质产品,增加自我更新、自我改造的能力。

参考文献

[1]崔虹.基于水环境污染的水质监测及其相应技术体系研究[M].北京:中国原子能出版社,2021.

[2]李甫,肖建设.青海省生态环境监测与评估[M].北京:气象出版社,2021.

[3]李军栋,李爱兵,呼东峰.水文地质勘查与生态环境监测[M].汕头:汕头大学出版社,2021.

[4]胡丹,张瑜,杨维耿.国家辐射环境监测网辐射环境质量监测技术[M].哈尔滨:哈尔滨工程大学出版社,2021.

[5]周生路.耕地资源质量与土壤环境监测评价新方法[M].北京:科学出版社,2021.

[6]丁慧君,刘巍立,董丽丽.园林规划设计[M].长春:吉林科学技术出版社,2021.

[7]潘远智.园林花卉学[M].重庆:重庆大学出版社,2021.

[8]祝建华.园林设计技法表现[M].重庆:重庆大学出版社,2021.

[9]王红英,孙欣欣,丁晗.园林景观设计[M].北京:中国轻工业出版社,2021.

[10]谭炯锐,段丽君,张若晨.园林植物应用及观赏研究[M].北京:原子能出版社,2021.

[11]李本鑫,史春凤,杨杰峰.园林工程施工技术:第3版[M].重庆:重庆大学出版社,2021.

[12]杨至德.风景园林设计原理:第4版[M].武汉:华中科技大学出版社,2021.

[13]聂文杰.环境监测实验教程[M].徐州:中国矿业大学出版社,2020.

[14]李丽娜.环境监测技术与实验[M].北京:冶金工业出版社,2020.

[15]李秀红.生态环境监测系统[M].北京:中国环境出版集团,2020.

[16]邱诚,周筝.环境监测实验与实训指导[M].北京:中国环境出版集团,2020.

[17]王森,杨波.环境监测在线分析技术[M].重庆:重庆大学出版社,2020.

[18]张宝军.水环境监测与治理职业技能设计[M].北京:中国环境出版集团,2020.

[19]曾健华,潘圣.土壤环境监测采样实用技术问答[M].南宁:广西科学技术出版社,2020.

[20]张文婷,王子邦.园林植物景观设计[M].西安:西安交通大学出版社,2020.

［21］陆娟,赖茜.景观设计与园林规划［M］.延吉:延边大学出版社,2020.

［22］周丽娜.园林植物色彩配置［M］.天津:天津大学出版社,2020.

［23］李卫东.园林花卉栽培技术［M］.长沙:湖南科学技术出版社,2020.

［24］王彦华,刘桂芹.中国园林美学解读［M］.北京:应急管理出版社,2020.

［25］张鹏伟,路洋,戴磊.园林景观规划设计［M］.长春:吉林科学技术出版社,2020.